Tierärztliche Hochschule Hannover

Profile der mRNA-Expression des Adiponectinsystems und des Interleukin 6 in Leber- und subcutanem Fettgewebe der Milchkuh im Laktationsverlauf sowie ihre Beeinflussung durch Supplementation konjugierter Linolsäuren

INAUGURAL – DISSERTATION
zur Erlangung des Grades einer Doktorin der Veterinärmedizin
- Doctor medicinae veterinariae -
(Dr. med. vet.)

vorgelegt von
Sarah Vorspohl gen. Reher
(Frankfurt am Main)

Hannover 2011

Wissenschaftliche Betreuung: Prof. Dr. Gerhard Breves, Physiologisches Institut der Tierärztlichen Hochschule Hannover

Prof. Dr. Dr. Helga Sauerwein, Institut für Tierwissenschaften, Abteilung Physiologie und Hygiene, Universität Bonn

1. Gutachter: Prof. Dr. Gerhard Breves

2. Gutachter: Prof. Dr. Jürgen Rehage

Tag der mündlichen Prüfung: 23. Mai 2011

Gefördert aus Mitteln der Deutschen Forschungsgemeinschaft (PAK 286, SA 432/10-1)

Bibliografische Information der Deutschen Nationalbibliothek

Die Deutsche Nationalbibliothek verzeichnet diese Publikation in der Deutschen Nationalbibliografie; detaillierte bibliografische Daten sind im Internet über http://dnb.d-nb.de abrufbar.

1. Aufl. - Göttingen : Cuvillier, 2011

Zugl.: Hannover (TiHo), Univ., Diss., 2011

Nonnenstieg 8, 37075 Göttingen

Telefon: 0551-54724-0

Telefax: 0551-54724-21

www.cuvillier.de

1. Auflage, 2011

Gedruckt auf säurefreiem Papier

978-3-86955-764-9

Meiner Mutter

und

Rainer

1 Einleitung und Literaturübersicht

Erfolgreiche Milchkuhhaltung in der modernen Landwirtschaft stellt eine große Herausforderung dar. Einerseits ist der Landwirt einem enormen Preisdruck ausgesetzt, andererseits immer höheren Anforderungen bezüglich Umwelt- und Tierschutz verpflichtet.
Auch die Ansprüche der heutigen Hochleistungsmilchkühe an Haltungsbedingungen und insbesondere an die Fütterung sind stark gestiegen. Es ist ungleich schwieriger geworden, diese Tiere derart zu halten und zu füttern, dass der Erhalt ihrer Gesundheit und somit ihrer Leistungsfähigkeit gewährleistet werden kann.
Fundiertes Wissen über Stoffwechselphysiologie und –regulation bildet die Basis einer Tierhaltung, die hohe Leistungen bei guter Tiergesundheit ermöglicht. Diese Arbeit hat es sich daher zum Ziel gesetzt, Grundlagenkenntnisse über die Bedeutung des Fettgewebes im Stoffwechsel der Milchkuh zu liefern und gleichzeitig eine etwaige Beeinflussbarkeit durch Supplementierung von konjugierten Linolsäuren zu untersuchen.

1.1 Stoffwechsel der Milchkuh im peripartalen Zeitraum

In den letzten Jahrzehnten wurde in der Milchviehzucht stark auf hohe Milchleistung selektiert, und die Haltungsbedingungen für die Kühe wurden optimiert. Milchleistungen von 10 000 kg pro Kuh und Laktation sind so durchaus keine Seltenheit mehr (Flachowsky et al., 2004). Derartige Milchleistungen stellen höchste Anforderungen an den Metabolismus der Milchkuh. Im Zeitraum des Überganges vom Trockenstehen am Ende der Gravidität zur Laktation sind daher im Stoffwechsel der Kuh gravierende Umstellungen vonnöten. Dieser peripartale Zeitraum wird auch als Transition Period (TP) bezeichnet und umfasst nach Grummer (1995) und Drackley (1999) den Zeitraum 3 Wochen ante partum (a.p.) bis 3 Wochen post partum (p.p.).
Am Ende der Gravidität erfährt der Organismus der Kuh zunächst höher werdende Anforderungen des Conceptus, die einen deutlich gesteigerten Nährstoffbedarf gegenüber dem einer nicht trächtigen Kuh ergeben. In den letzten zwei Monaten der Gravidität hat die Kuh deshalb einen zusätzlichen Nährstoffbedarf, der dem für die Synthese von 3-6 kg Milch pro Tag entspricht (Bauman & Currie, 1980). Mit dem Einsetzen der Laktation erhöht sich der Nährstoffbedarf noch einmal drastisch. Innerhalb von vier Tagen nach der Kalbung

vervielfacht sich der Bedarf des laktierenden Euters an Glukose, Aminosäuren und Fettsäuren gegenüber dem Bedarf des graviden Uterus (Bell, 1995).
Um diesen stark steigenden energetischen Anforderungen gerecht zu werden, müsste die Kuh ihre Trockenmasseaufnahme ebenfalls deutlich erhöhen. Das Gegenteil ist jedoch der Fall. Die Trockenmasseaufnahme ist bereits vor der Kalbung signifikant reduziert, kann sich unmittelbar um den Geburtszeitraum um bis zu 30 % verringern (Grummer, 1995) und steigt auch p.p. nur allmählich wieder an (Rehage & Kaske, 2004). Somit ist die Energieaufnahme in der peripartalen Periode häufig niedriger als der Bedarf, was jedoch in gewissem Umfang als physiologisch anzusehen (Bell, 1995) und auch auf den vorgeburtlich stark erhöhten Östrogeneinfluss zurückzuführen ist (Breves, 2007).
Ein Maximum der Tagesmilchleistung wird zwischen der 7. und 14. Laktationswoche mit Werten von ca. 55 kg pro Tag erreicht, wobei sich in dieser Zeit die tägliche Trockenmassenaufnahme mit ca. 25 kg pro Tag am oberen Limit befindet. Unter diesen Bedingungen wäre eine Netto-Energie-Laktation (NEL)-Konzentration von 8,2 MJ/kg Trockenmasse nötig, was selbst bei optimaler Futterzusammensetzung kaum möglich ist (Breves, 2007). Folglich entsteht eine negative Energiebilanz, die unter Umständen bis zu zwölf Wochen andauern kann (Butler, 2003).
Bis zu 80 % des Glukoseumsatzes des Körpers entfallen in Zeiten der Hochlaktation auf das Euter (Bauman & Currie, 1980). Für 55 kg Milchleistung entspricht das einem Bedarf an 4 kg Glukose pro Tag (Breves & Rodehutscord, 2000).
Eine Besonderheit des Wiederkäuerstoffwechsels ist die Notwendigkeit, die gesamte in peripheren Geweben benötigte Glukose über Glukoneogenese in der Leber und zu einem geringeren Anteil in den Nieren gewinnen zu müssen (Bell & Bauman, 1997). Das Vormagensystem mit seiner fermentativ arbeitenden Flora ermöglicht es dem Wiederkäuer einerseits, effektiv Zellulose und andere hochpolymere Kohlehydrate zu nutzen und einen großen Teil seines Proteinbedarfes über die Verwertung des Mikrobenproteines zu decken. Andererseits jedoch wird auf diese Art und Weise auch der überwiegende Teil der mit dem Futter zugeführten Stärke in ihre Bestandteile zerlegt, bevor sie im Dünndarm resorbiert werden könnten (Breves & Rodehutscord, 2000).
Unter physiologischen Bedingungen erfolgt die Glukoseneubildung aus Propionat, weitere Substrate der Gluconeogenese sind Laktat, Aminosäuren und Glycerol. Auch für die

Gluconeogenese der Leber aus Propionat ist die begrenzte Futteraufnahme der limitierende Faktor. Steht in der Leber nicht ausreichend Propionat zur Verfügung, werden Aminosäuren aus dem Rohprotein des Futters bzw. der bakteriellen Proteinsynthese oder aus dem Abbau körpereigenen Eiweißes, insbesondere der Skelettmuskulatur (Bell, 1995), herangezogen. Des weiteren wird aus Triglyceridabbau stammendes Glycerin zur Glukoneogenese genutzt (Drackley, 2004).

Die Möglichkeit, den Energiebedarf der Milchsynthese zu einem bedeutenden Teil aus der Mobilisation von Körperfettgewebe zu decken, besteht generell bei allen Säugetieren (Vernon & Pond, 1997).
Eine negative Energiebilanz in der TP führt auch bei der Milchkuh dazu, dass sie Körperfett mobilisiert, um dem Energiebedarf der Laktation gerecht werden zu können (Mc Namara, 1994), was den Verlust von bis zu 40 % der körpereigenen Fettreserven herbeiführt und gravierende Veränderungen verschiedenster metabolischer Parameter nach sich ziehen kann. Der peripartale Zeitraum ist neben den Veränderungen im Energiestoffwechsel gekennzeichnet durch komplexe hormonelle Adaptationen der Kuh im Hinblick auf Geburt und Einsetzen der Laktation (Grummer, 1995).
Die TP wird so zu einer kritischen Zeit, deren Verlauf bedeutend für Gesundheit, Milchproduktion und Profitabilität der Milchkuh ist. Die Trockenmasseaufnahme und damit die Nährstoffbereitstellung sind gering, während der Bedarf an Energie ständig steigt, was eine Umverteilung der vorhandenen energieliefernden Nährstoffe und somit eine komplexe Anpassung des Metabolismus der Kuh nötig werden lässt. Ist das Tier nicht in der Lage, in der Kürze der Zeit seinen Energiestoffwechsel an die Bedürfnisse der Syntheseprozesse anzupassen, können metabolische und gesundheitliche Störungen auftreten. Hierin liegen die Gründe für eine höhere Inzidenz zum Beispiel von hypokalzämischer Gebärparese, Ketose, Labmagenverlagerungen und Mastitis im peripartalen Zeitraum. Auch Retentio secundinarum und sekundäre Metritis können Folgen unzureichender Adaptation des Stoffwechsels in der TP sein (Drackley, 1999), ebenso wie Einbußen in der weiteren Fruchtbarkeitsleistung (Ferguson, 2005).

1.2 Fettgewebe und Adipokine

Fettgewebe wurde lange Zeit lediglich als Bindegewebe und Energiespeicher des Körpers angesehen. Untersuchungen der letzten Jahre ergaben jedoch einige weitere wichtige Funktionen des Fettes innerhalb des Körpers und stellen das Fettgewebe als endokrin und immunologisch aktives Gewebe dar (Kershaw et al., 2004). Weißes Fettgewebe besteht aus einer heterogenen Zellpopulation. Den größten Anteil haben die reifen Adipocyten, es finden sich jedoch auch Präadipocyten, Endothelzellen, Fibroblasten, Leukocyten und Makrophagen (Abbildung 1).

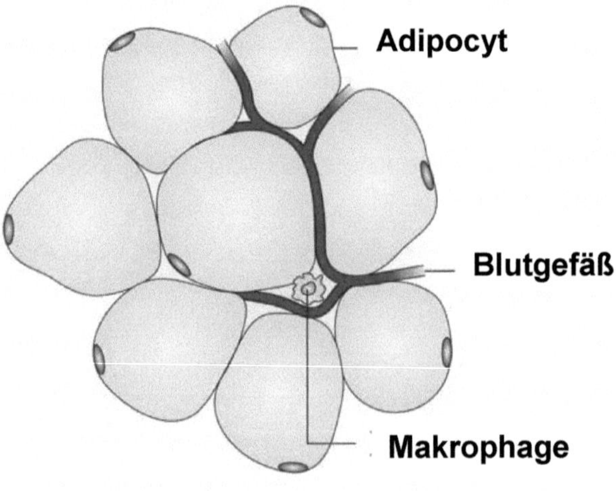

Abbildung 1: Schematische Darstellung des Fettgewebes (modifiziert nach Tilg & Moschen, 2006)

Fettgewebe sezerniert eine große Anzahl an Stoffen, die sowohl auf physiologische als auch auf pathophysiologische Prozesse Einfluss nehmen. Hierzu zählen sowohl die freien Fettsäuren als auch die Adipokine, das heißt Proteine, die auf autokrinem, parakrinem und endokrinem Wege die unterschiedlichsten Stoffwechselwege (Antuna-Puente et al., 2008) und auch das Immunsystem beeinflussen (Tilg & Moschen, 2006).

Der Begriff Adipokine beschreibt eine Gruppe von Faktoren, die zum größten Teil, wenn auch nicht ausschließlich, vom Fettgewebe sezerniert werden und die, neben zahlreichen anderen Funktionen, sowohl pro- als auch antiinflammatorisch wirken können. Tabelle 1 gibt eine Übersicht der wichtigsten Adipokine und ihrer Hauptfunktionen. Auch Adiponectin gehört zur Gruppe der Adipokine. Verschiedenste weitere Produkte des Fettgewebes wurden charakterisiert und den Adipokinen zugerechnet, einschließlich unterschiedlicher Cytokine und Chemokine wie zum Beispiel Interleukin 6 (IL6) (Tabelle 1). Expression, Sekretion und damit auch die Serumkonzentrationen der Adipokine korrelieren in der Regel positiv mit der Körperfettmasse. Adiponectin bildet die einzige bisher bekannte Ausnahme, die Konzentrationen von Adiponectin nehmen mit steigender Körperfettmasse ab (Nawrocki et al., 2004).

Tabelle 1: Adipokine (modifiziert nach Deng & Scherer 2010)

Adipokine	Einfluss auf den Stoffwechsel	Proinflammatorische Faktoren und Akute-Phase-Proteine	Promitotische und proangiogenetische Faktoren
Adipocyten-Fettsäure-Bindungsprotein	x		
Adiponectin	x		x
Adipsin	x	x	
Apelin	x	x	
Apolipoprotein E	x		
Insulinähnlicher Wachstumsfaktor 1 (IGF1)	x		x
Leptin	x		
Lipoprotein-Lipase	x		
Omentin	x		
Resistin	x	x	
RBP4	x		
Sfrp5	x		
Visfatin	x		
Alpha 1-Säure-Glycoprotein		x	
IL1β		x	
IL4		x	
IL6		x	
IL8		x	
IL10		x	
IL18		x	
Makrophagen-Migration-Inhibitionsfaktor (MIF)		x	
Makrophagen-chemotaktisches-Protein (MCP1)		x	
SerumamyloidA3		x	
TNFα		x	
Angiopoietin 1			x
Angiopoietin 2			x
Fibroblasten-Wachstumsfaktor (FGF)			x
Hepatischer Wachstumsfaktor (HGF)			x
Nerven-Wachstumsfaktor			x
Stromafaktor (SDF1)			x
Gewebefaktor			x
TGFβ			x
VEGF			x

Auch Mediatoren der Blutgerinnung und einige Komplement-Faktoren werden zum Teil im Fettgewebe gebildet und sezerniert (Tilg & Moschen, 2006). Ebenfalls beschrieben ist die Expression von Akute-Phase-Proteinen (APPs) wie dem C-reaktiven-Protein (CRP) im Fettgewebe (Ouchi et al. 2003). CRP stellt bei Mensch, Schwein und diversen Labornagern das wichtigste Akute-Phase-Protein (Tizard, 1996) dar. Beim Rind ist Haptoglobin eines der wichtigsten Akute-Phase-Proteine, dessen Expression im Fettgewebe u.a. beim Menschen beschrieben ist (Fain et al., 2004) und auch beim Rind nachgewiesen werden konnte (Saremi et al., 2010a). Leptin und Adiponectin werden ausschließlich von Adipocyten sezerniert, während die meisten Adipokine primär von Zellen der stromal-vaskulären Fraktion des Fettgewebes (Fain, 2006) und infiltrierenden Makrophagen (Bouloumie et al., 2005) gebildet werden.

Die Bedeutung der Adipokine im Stoffwechsel wurde bisher vor allem an Monogastriern, insbesondere Menschen und Nagern, erforscht, da die Adipokine an der Entstehung des als „metabolisches Syndrom“ bezeichneten Symptomkomplexes beteiligt zu sein scheinen. Dem metabolischen Syndrom liegt eine verminderte Insulinsensitivität zugrunde, einhergehend mit Dyslipidämie, Hyperglycämie sowie Hypertonie. Bei Adipositas werden auch die Adipokine dysreguliert, was Folgeerkrankungen wie Diabetes mellitus Typ-2 und Arteriosklerose nach sich ziehen kann (Antuna-Puente et al., 2008). Es entsteht ein proinflammatorisches Sekretionsprofil des Fettgewebes, was eine Störung der Insulinsensitivität und somit der Regulation des Glukose- und auch des Fettstoffwechsels nach sich zieht.

Die oben beschriebene Stoffwechselsituation der Milchkuh zu Beginn der Laktation weist gewisse Ähnlichkeiten mit der beim metabolischen Syndrom auftretenden Symptomatik auf: Um die Bereitstellung von Glukose für die Milchdrüse zu erleichtern, sinkt die Insulinsensitivität der peripheren Gewebe deutlich (Bell, 1995).

1.2.1 Adiponectin und die Adiponectinrezeptoren 1 und 2

Adiponectin ist das in der größten Menge sekretierte Adipokin mit Konzentrationen von über 1 µg/mL in humanem Serum (Hoffstedt et al., 2004). Es wirkt anti-diabetisch, antiatherogen und cardio-protektiv (Berg et al., 2001; Yamauchi et al., 2003a; Ohashi et al., 2006). Seine negative Korrelation zur Körperfettmasse ist bedingt durch den Versuch des Körpers, bei ohnehin erhöhtem Körperfettgehalt eine weitere Akkumulation von Fett durch die Aufnahme

von Glukose zu vermeiden (Heiker et al., 2010), indem Förderer der Glukoseaufnahme wie Adiponectin herunterreguliert werden.
Untersuchungen zu Adiponectin, auch bekannt als AdipoQ, Acrp30, apM1 oder GBP28, laufen seit den 1990er Jahren. Bovines Adiponectin wurde von Sato et al. (2001) zum ersten Mal isoliert und besteht aus 240 Aminosäuren (Abbildung 2). Seine Aminosäurensequenz stimmt zu 92 % mit der des humanen und zu 82 % mit der des murinen Adiponectin überein (Sato et al., 2001)

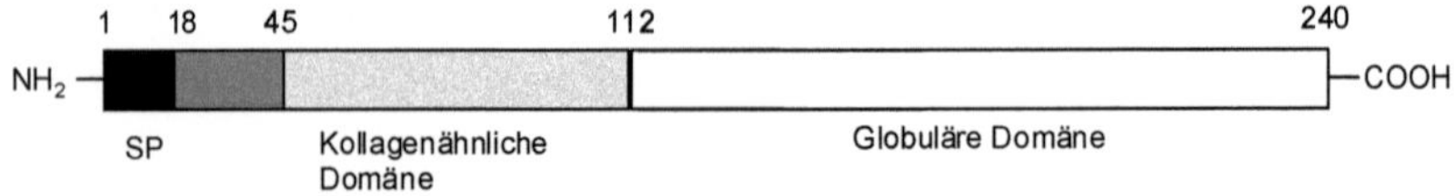

Abbildung 2: Domänen und Struktur des bovinen Adiponectins
COOH: Carboxyterminus; NH_2: Aminoterminus; SP: Signalpeptid; die Zahlen kennzeichnen die jeweils erste Aminosäure einer Domäne (modifiziert nach Sato et al., 2001)

Während der Differenzierung von Präadipocyten zu Adipocyten wird die Synthese von Adiponectin durch PPARγ (Peroxisome proliferator-activated receptor γ), einem nukleären Rezeptor, induziert (Gustafson et al., 2003), wobei der Serumspiegel und auch die Expression von Adiponectin im Fettgewebe von unterschiedlichen Komponenten beeinflusst werden.
Bei erhöhter Körperfettmasse sind auch die Spiegel von IL6 und TNFα erhöht (Chandran et al., 2003), was die Synthese von Adiponectin reprimiert (Bruun et al., 2003).
Im Blutserum kommt Adiponectin, wie in Abbildung 3 dargestellt, als Trimer, Hexamer oder als oligomere Form, bestehend aus vier bis sechs Trimeren, vor (Waki et al., 2003). Die bovine wie auch die murine hochmolekulare Form des Adiponectin ist ein Octadecamer (Suzuki et al., 2007).

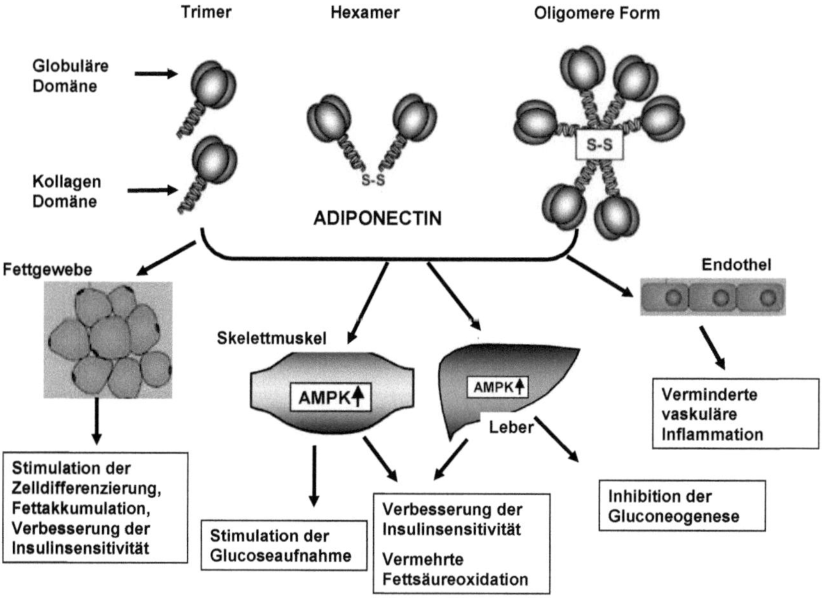

Abbildung 3: Adiponectin: Isoformen und Wirkungen im Stoffwechsel (modifiziert nach Waki et al., 2003 und Fu et al., 2005)

Adiponectin im Serum zeigt neben der negativen Korrelation zum Körperfett (Kern et al., 2003) eine negative Korrelation zur basalen und zur durch Insulin gehemmten hepatischen Gluconeogenese (Stefan et al., 2003). Ein reduzierter Adiponectinspiegel zieht eine verminderte hepatische Insulinsensitivität nach sich (Trujillo & Scherer, 2005). Auch eine vermehrte Einlagerung von Fett in Lebergewebe, eine sogenannte hepatische Steatose, ist mit einem reduzierten Serumspiegel von Adiponectin assoziiert (Schaffler et al., 2005). Im Tiermodell konnten bei Mäusen eine Verbesserung der Insulinsensitivität (Haluzik et al., 2004), der Leberfunktion und eine Verminderung von Apoptose und Nekrose von Hepatocyten (Masaki et al., 2004) durch Adiponectin nachgewiesen werden.

Die Arbeitsgruppe von Yamauchi et al. hat 2003 erstmals die Adiponectinrezeptoren (AdipoRs) AdipoR1 und AdipoR2 beschrieben. AdipoR1 wird ubiquitär exprimiert, mit hohem Expressionsniveau im Skelettmuskel, während AdipoR2 in primär in Lebergewebe hoch exprimiert ist. Die Expression beider Rezeptoren ist auch in Fettzellen von Mäusen nachgewiesen (Fasshauer et al., 2004). Daten zur Regulation der Expression der AdipoRs sind nur wenige vorhanden. Die Expression beider Adiponectin-Rezeptoren ist in differenzierten Adipocyten von Mäusen höher als in Präadipocyten (Fasshauer et al., 2004). Rasmussen et al. beschrieben 2006 beim Menschen eine höhere Expression der Adiponectin-Rezeptoren in s.c. Fettgewebe als in viszeralem, während Blüher et al. (2007) bei ihren Untersuchungen diese Unterschiede nicht beobachten konnten. Bei diabetischen Zucker-Ratten ist die Expression der Adiponectin-Rezeptoren im Fettgewebe niedriger als bei den nicht diabetischen Kontrolltieren (Metais et al., 2008); auch Tsuchida et al. beschrieben 2004 bei Mäusen eine Regulation der Expression der Adiponectin-Rezeptoren in Leber- und Muskelgewebe, die invers ist zur Regulation des Plasma-Insulin-Spiegels. In humanem Lebergewebe ist die Expression der Adiponectin-Rezeptoren erhöht, wenn eine nichtalkoholische Leberverfettung vorliegt, und sie ist reziprok reguliert zum Spiegel des zirkulierenden Adiponectins (Nannipieri et al., 2007). Bei Kühen beobachteten Lemor et al. (2009) einen Abfall der mRNA-Menge des AdipoR1 und des AdipoR2 in subcutanem (s.c.) Fettgewebe 3 Wochen p.p. im Vergleich zu 13-2 Tage a.p.. Ein Anstieg hingegen ist bei Kühen, die a.p. restriktiv gefüttert wurden, für die AdipoR2 mRNA-Expression in Lebergewebe 14 Tage p.p. beschrieben (Loor et al., 2006). Insgesamt deuten diese Daten auf eine inverse Regulation der mRNA-Expression der Adiponectin-Rezeptoren in s.c. Fettgewebe im Vergleich zu Lebergewebe hin. Beide Adiponectin-Rezeptoren besitzen sieben Transmembrandomänen, unterscheiden sich jedoch strukturell und funktionell von G-Protein-gekoppelten Rezeptoren. Sie sind in der Plasmamembran derart orientiert, dass der kurze C-Terminus extrazellulär, der längere N-terminale Bereich intrazellulär liegt (Abbildung 4) (Yamauchi et al., 2003b).

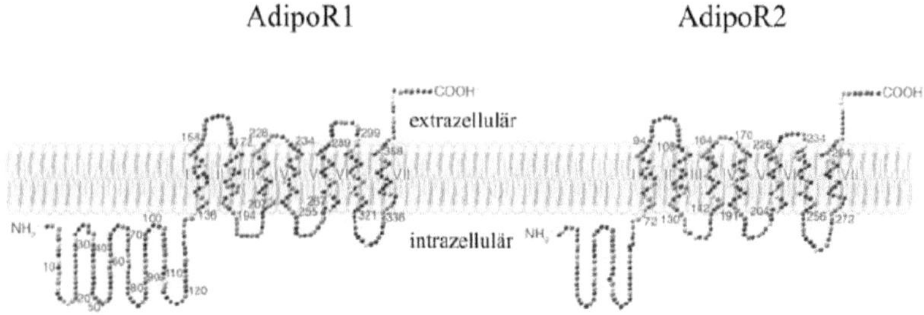

Abbildung 4: Lokalisierung von AdipoR1 und AdipoR2 in der Plasmamembran (modifiziert nach Kadowaki et al., 2006 und Yamauchi et al., 2003b)

Am C-Terminus bindet das Adiponectin, während intrazellulär am N-Terminus APPL1 (adaptor protein containing pleckstrin homology domain, phosphotyrosine binding domain and leucocine zipper motif) bindet. Über APPL1 werden intrazelluläre Signalkaskaden angestoßen: Aktivierung der AMPK (5'-AMP-aktivierte Proteinkinase) und von PPARα (Kadowaki et al., 2006). AMPK ist ein wichtiger Energiesensor der Zelle und beeinflusst über die Phosphorylierung von Schlüsselenzymen unterschiedliche Stoffwechselwege wie die Cholesterinsynthese, die Lipogenese und die β-Oxidation in Hepatocyten. Die Glukoseaufnahme in Skelettmuskelzellen wird gesteigert, die Gluconeogenese in Hepatocyten reduziert (Waki et al., 2003) (Abbildung 3). Ein reduzierter Triglyceridgehalt in Leber und Skelettmuskel entsteht durch eine PPAR α-vermittelte, gesteigerte Fettsäureoxidation. Die Arbeitsgruppe um Fu et al. zeigte am Mausmodell 2005, dass im Fettgewebe sowohl AdipoR1 als auch AdipoR2 exprimiert sind und eine Fettakkumulation und schnellere Differenzierung der Präadipocyten sowie eine Verbesserung der Insulinsensitivität durch Adiponectin vermitteln. Die antiinflammatorischen Effekte von Adiponectin in Endothelzellen und Makrophagen sind mit der Supprimierung von NFκB (Nuclear factor κB) und vaskulären Adhäsionsmolekülen assoziiert (Kadowaki & Yamauchi, 2005).

1.2.2 Interleukin 6

Interleukin 6 (IL6) wird häufiger als pro-, aber auch als antiinflammarorisches (Jones et al., 2001) Zytokin beschrieben (Kishimoto, 2010), das von verschiedenen Zellpopulationen wie Endothelzellen, Monocyten und Fibroblasten produziert wird. Seine Expression erfolgt nach

Stimulation durch verschiedene Mediatoren wie z.B. bakerielles Lipopolysaccharid oder endogene Faktoren wie IL1 und Tumor Nekrose Faktor α (TNFα). IL6 spielt eine zentrale Rolle bei der Vermittlung einer Entzündungsreaktion durch Induktion einer Akut-Phase-Reaktion (Abbildung 5), mit der Produktion von Akut-Phase-Proteinen wie Serum-Amyloid A oder Haptoglobin in Hepatocyten (Heinrich et al., 1990). Auch beim Rind führt *in vitro* eine kombinierte Zugabe von TNFα und IL6 zu einer gesteigerten Sekretion von Serum-Amyloid-A und Haptoglobin (Asemgeest et al., 1996). Yoshioka et al. (2002) charakterisierten IL6 nach Untersuchungen *in vitro* als das bedeutenste Zytokin bei der Stimulation der Haptoglobin-Sekretion in bovinen Hepatocyten. Weiterhin stimuliert IL6 Wachstum und Differenzierung von B-Zellen zu Antikörper produzierenden Plasmazellen und von T-Zellen zu zytotoxischen T-Zellen (Noma et al., 1986) und ist in Hämatopoese und Onkogenese eingebunden (Kishimoto, 2010).

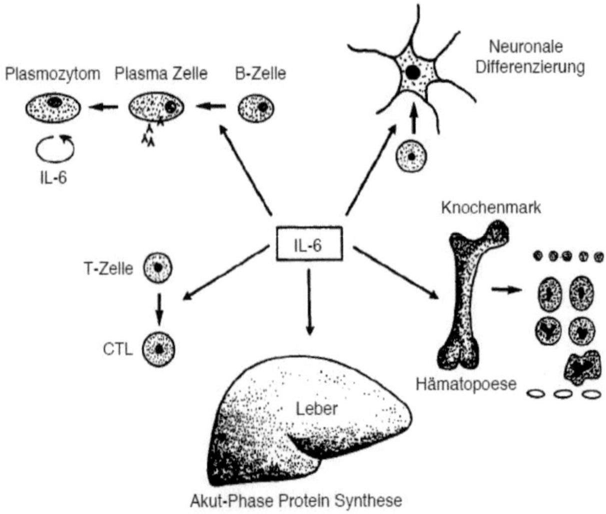

Abbildung 5: IL6 als multifunktionelles Zytokin (Heinrich et al., 1990). IL6 ist ein Wachstums- und Differenzierungsfaktor für eine Vielzahl von Zelltypen und induziert bei entzündlichen Prozessen die Expression von Akut-Phase-Proteinen in der Leber

IL6 gehört zur 4-Helix-Bündel-Familie (Abbildung 6), bovines IL6 ist ein Protein aus 208 Aminosäuren (Droogmanns et al., 1992).

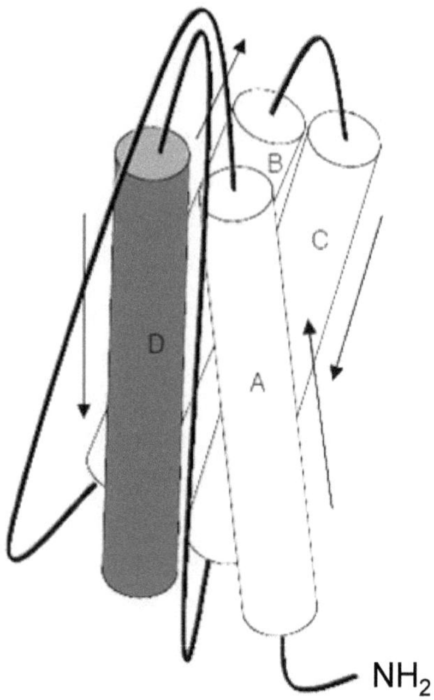

Abbildung 6: „4-Helix-Bündel"-Modell der Cytokine der hämatopoetischen Cytokin-Familie (Bazan, 1990). Die N-terminale A-Helix ist aufwärts gerichtet, dann folgt eine lange AB-Schleife, Helix B verläuft ebenfalls aufwärts, es folgt eine kurze BC-Schleife, Helix C verläuft abwärts, gefolgt von einer langen CD-Schleife, Helix D verläuft ebenfalls abwärts (up-up-down-down-Motiv).

Die Initiation einer biologischen Signalkaskade in Zielzellen als Folge einer IL6 bedingten Stimulation erfordert die Anwesenheit zweier Rezeptoruntereinheiten: des IL6-Rezeptors (IL6R) und des Glycoproteins gp130. Für die Bindung des IL6 ist der IL6R verantwortlich, die Weiterleitung des Signales in die Zelle erfolgt über gp130 (Abbildung 7). Während gp 130 von beinahe allen Körperzellen exprimiert wird, beschränkt sich die Expression des IL6R auf Hepatocyten, neutrophile Granulocyten, Monocyten, Makrophagen und einige Lymphocyten (Rose-John et al., 2006). Diese Zellen können durch Bindung des IL6 an den IL6R stimuliert werden, wobei der Komplex aus IL6 und IL6R mit zwei gp130 interagiert, die ein Homodimer bilden und eine IL6-spezifische Signalkaskade auslösen. Dieser Mechanismus wird als klassisches IL6-Signaling bezeichnet (Scheller et al., 2007). Zellen, die keinen membranständigen IL6R besitzen, können über einen löslichen IL6R (sIL6R), der in vielen Körperflüssigkeiten vorhanden ist, auf ein IL6-Signal reagieren. Auch bei diesem Weg der Signaltranssduktion erfolgt die Weiterleitung ins Zellinnere über gp130.

Es schließen sich die Aktivierung der gp130-assoziierten Tyrosinkinasen (JAK1, JAK2, und TYK2) und damit die Phosphorylierung der Faktoren STAT1 und STAT3 (Signal Transducer and Activator of Transcription) an (Jones et al., 2001). Diese bilden daraufhin Homo- und Heterodimere, wandern in den Nucleus ein und regulieren die Transkription verschiedener Zielgene (Abbildung 7). IL6 kann weiterhin die Ras-Raf-Signalkaskade bzw. Ras-abhängige MAP-Kinase-Kaskade aktivieren, die eine entscheidende Rolle in der IL6-vermittelten Zellproliferation spielen.

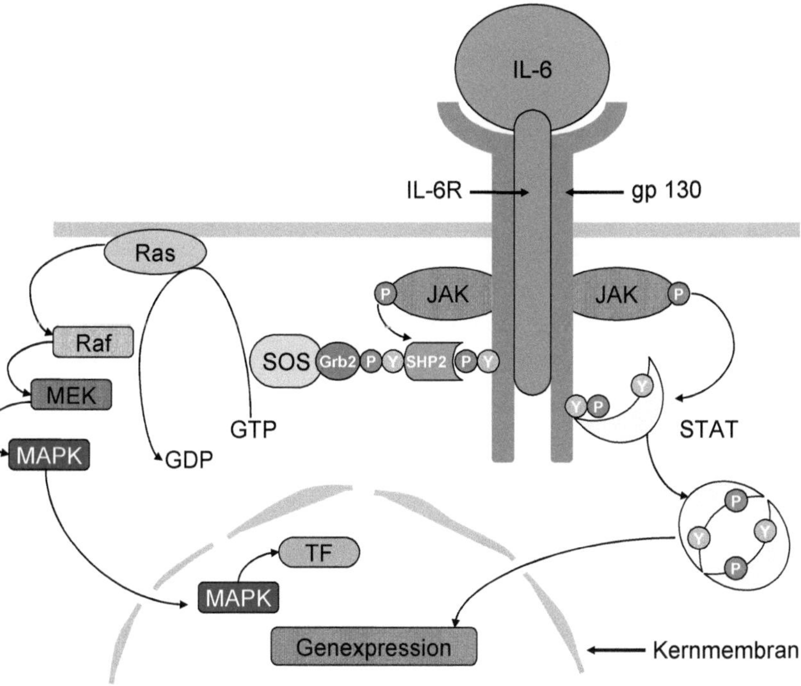

Abbildung 7: IL6-vermittelte Signalkaskaden (modifiziert nach Heinrich et al., 2003). Der Bindung von IL6 an den IL6R folgt eine ligandeninduzierte Homodimerisierung des gp130. Diese Aktivierung löst sowohl den Jak/STAT-Signaltransduktionsweg als auch die Ras/Raf/MAP-Kinase-Kaskade aus. Nach gp130-Dimerisierung schließt sich die Phosphorylierung gp130-assoziierter Tyrosinkinasen (JAK) und damit die Aktivierung der STAT-Faktoren an. Diese phosphorylierten, monomeren Einheiten dimerisieren und wandern zur Genregulation in den Nukleus ein. IL6 kann weiterhin nach Phosphorylierung der JAK die Ras-abhängige MAP-Kinase-Kaskade aktivieren und nachfolgend die Expression bestimmter Gene beeinflussen.

Beim Menschen stammen ca. 30 % des zirkulierenden IL6 aus dem Fettgewebe (Mohamed-Ali et al., 1997), wobei das abdominale Fettgewebe mehr IL6 produziert als das subcutane (Fried et al., 1998). Auch bei Kühen konnten Mukesh et al. (2010) die Produktion von IL6 in mesenterialem und subcutanem Fettgewebe *in vitro* nachweisen und zeigen, dass diese durch eine Stimulation mit bakteriellem Lipopolisaccharid gesteigert wird. IL6 hemmt die Aktivität der Lipoproteinlipase. Diese wird in Adipocyten produziert, ist auf der Oberfläche von Endothelzellen lokalisiert und hydrolysiert zirkulierende Triglyzeride zu Fettsäuren, damit sie zur Speicherung in die Fettzelle aufgenommen werden können (Greenberg et al., 1992). Weiterhin stimuliert IL6 die Lipolyse und erhöht die hepatische Sekretion von Triglyceriden, was zu Hypertriglyceridämie bei viszeraler Adipositas beitragen könnte (Path et al., 2001). Bei ansonsten gesunden Personen korreliert die IL6-Konzentration mit dem Grad der Adipositas (Engeli et al., 2003). Auch besteht eine positive Korrelation zwischen Insulinresistenz und IL6-Konzentration im Fettgewebe des Menschen (Bastard et al., 2002), die sich durch die Hemmung der Sekretion von Adiponectin durch IL6 erklären lässt. Fasshauer et al. beschrieben 2003 die Hemmung sowohl der Expression als auch der Sekretion von Adiponectin durch IL6 in murinen Adipocyten.

Auch im Lebergewebe von Mäusen (Luster et al., 1994) und Rindern (Vels et al., 2009) wurde die durch Lipopolysaccharid induzierte Expression von IL6 beschrieben.

1.3 Konjugierte Linolsäuren

Das Akronym CLA (Conjugated Linoleic Acid) beschreibt eine Substanzklasse von Fettsäuren, die aus 18 Kohlenstoffatomen bestehen und zwei Doppelbindungen besitzen, welche durch nur eine Einfachbindung voneinander getrennt sind. Es sind 56 geometrische und Positionsisomere der CLA denkbar; identifiziert wurden bisher Doppelbindungen an den Kohlenstoffatomen 6,8; 7,9; 8,10; 9,11; 10,12; 11,13; 12,14 und 13,15 (Fritsche et al., 2001; Roach et al., 2002), wobei jede dieser Doppelbindungen in cis(c), cis-, trans(t), trans-, cis, trans- oder trans, cis-Konfiguration im Molekül vorliegen kann. Die biologisch bedeutsamsten Isomere sind c9,t11- und t10,c12-CLA (Abbildung 8).

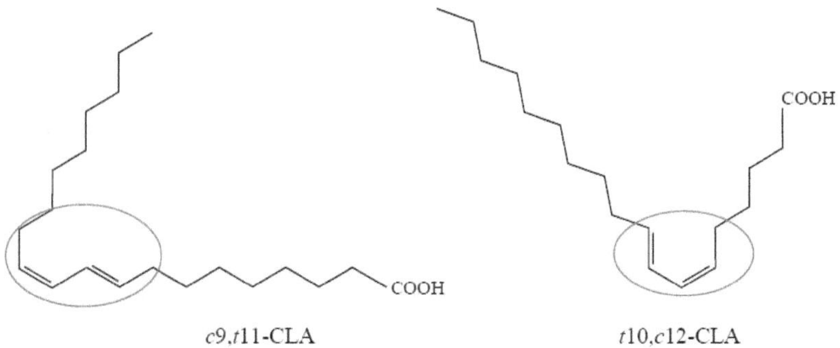

Abbildung 8: Strukturvergleich zwischen c9,t11- CLA und t10,c12-CLA

1.3.1 Biosynthese von CLA in Pansen und weiteren Geweben von Wiederkäuern

Im Pansen von Wiederkäuern werden CLA als Intermediate der Biohydrierung von Linolsäure zu Stearinsäure gebildet (Abbildung 9). Kepler und Tove beschrieben 1967, dass das Pansenbakterium *Butyrivibrio fibrisolvens* mit seiner Linolsäure-Isomerase verantwortlich ist für die Produktion von c9,t11-CLA.

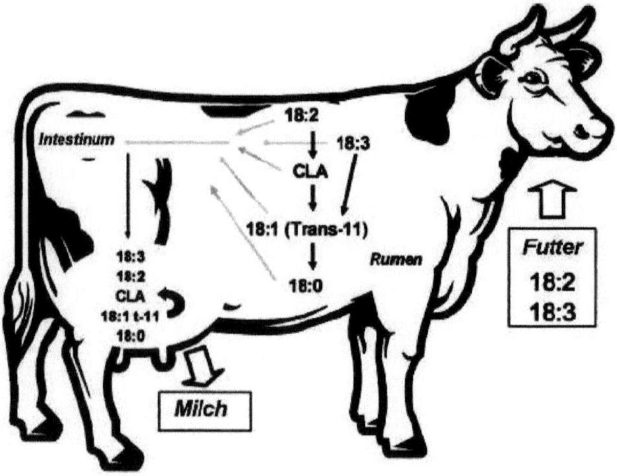

Abbildung 9: Biosynthese von CLA aus Linolsäure (18:2) und α-Linolensäure (18:3) im Stoffwechsel des Wiederkäuers (modifiziert nach Bell & Kenelly, 2001): 18:2 und 18:3, mehrfach ungesättigte Fettsäuren aus dem Futter, werden durch Biohydrierung im Pansen zu gesättigten Fettsäuren (18:0) umgewandelt, im ersten Schritt der Biohydrierung von 18:3 entstehen hierbei CLA als Intermediate. Auch in der Milchdrüse wird CLA synthetisiert, vornehmlich aus der einfach ungesättigten Fettsäure 18:1 t-11 mittels des Enzymes Stearoyl-CoA Desaturase, welches eine cis-9-Doppelbindung einfügt und so c9t11-CLA bildet.

Aufgrund der Bildung im Pansen und des hohen Anteils in Wiederkäuerprodukten von bis zu 90 % der Gesamt-CLA wird c9,t11-CLA auch als rumenic acid ("Pansensäure") bezeichnet. Eine Vielzahl weiterer Bakterien im Pansen, die unterschiedliche cis,trans-Isomerasen besitzen, generiert die verschiedenen CLA-Isomere (Kemp et al., 1975), wie z.B. t10,c12-CLA (Kim et al., 2002). Eine weitere Möglichkeit der endogenen Synthese von CLA besteht in Milchdrüsengewebe, wie Kinsella 1972 anhand von *in vitro* Studien belegen konnte. CLA wird auch in Milchlipide inkorporiert. Im Fettgewebe von Milchkühen besteht ebenfalls die Möglichkeit, aus trans-Vaccensäure mittels Desaturierung CLA zu bilden (Griinari er al., 2000). Die endogene Synthese von CLA im Fettgewebe wurde auch bei Monogastriern wie Nagern, Schweinen und Menschen direkt nachgewiesen (Santora et al., 2000; Loor et al., 2002; Gläser et al., 2000; Salminen et al., 1998; Turpeinen et al., 2002).

1.3.2 Physiologische Wirkungsspektra und -mechanismen von CLA

CLA sind, wie beschrieben, natürlicherweise in Milch und Fleisch von Wiederkäuern enthalten, werden aber auch durch industrielle Hydrogenierung aus Linolsäure hergestellt und Lebensmitteln bzw. Supplementen zugesetzt. Supplemente enthalten meist die beiden biologisch bedeutsamsten Isomere c9,t11-CLA und t10,c12-CLA zu etwa gleichen Teilen (Turpeinen et al., 2002).

Zahlreiche Untersuchungen belegen auf molekularbiologischer Ebene (Dickdarm-, Haut-, Magen-, Brustkrebszellinien) sowie in verschiedenen Tiermodellen (Nager, Geflügel, Schwein) positive Effekte der CLA. Bereits 1987 beschreiben Ha et al. antikarzinogene Eigenschaften von CLA; 1993 entdecken Cook et al. immunmodulierende Eigenschaften von CLA. Antiatherogene Wirkungen (Lee et al., 1994), positive Einwirkungen auf die Knochenmasse (Seifert & Watkins, 1997), antidiabetogene Eigenschaften (Houseknecht et al., 1998) und antithrombotische Eigenschaften (Truitt et al., 1999) kamen hinzu. Angesichts steigender Adipositas-Prävalenz geriet besonders in den Fokus, dass CLA-angereicherte Diäten bei Labornagern, Schweinen und Hühnern zu umfangreichen Reduzierungen des Körperfettgehaltes führten (West et al., 1998; Wang & Jones, 2004; Suksombat et al., 2007). Unter c9,t11-CLA-Einfluss sind Insulin- und Glukosestoffwechsel verbessert, die Monocyteninfiltration ist reduziert und inflammatorische Signale des Fettgewebes, die als prädisponierend für Insulinresistenz gelten, sind vermindert (Molony et al., 2007). Die AMPK in Muskelzellen von Mäusen wird *in vitro* durch c9,t11-CLA aktiviert (Qin et al., 2009) und so die Insulinsensitivität verbessert. Jedoch sind auch adverse Effekte einer CLA-Supplementierung beschrieben: Der dargestellte Verlust an Körperfett geht einher mit reduzierter Insulinsensitivität, stabiler Hyperinsulinämie, und der Entstehung einer Fettleber sowie einer vermehrten Fettakkumulation in Milzgewebe (West et al., 1998; DeLany et al., 1999; Tsuboyama-Kasaoka et al., 2000; Clement et al., 2002; Riserus et al., 2004). Diese negativen Effekte werden ausschließlich t10,c12-CLA zugeschrieben (Clement et al., 2002), wurden aber auch bei kombinierten Gaben mit c9,t11-CLA beobachtet (West et al., 1998). Möglicherweise verantwortlich für das Zustandekommen der Fettleber ist eine erhöhte Lipogenese in der Leber, die die verminderte Lipideinlagerung im Fettgewebe kompensiert (Takhashi et al., 2002); denkbar ist auch, dass die Fettleber mit der CLA-induzierten Hyperinsulinämie assoziiert ist (Clement et al., 2002). Wang und Jones beschreiben 2004 einen möglichen Zusammenhang der reduzierten Insulinsensitivität mit dem durch CLA ebenfalls verminderten Leptinspiegel und erhöhtem oxidativem Stress. Auch Poirier et al. erläuterten 2006 am Mausmodell eine durch t10,c12-CLA-Supplementierung entstehende verminderte Insulinsensitivität als Folge eines im Fettgewebe entstehenden inflammatorischen Status mit reduzierten Adiponectin- und Leptinspiegeln und erhöhtem IL6 und TNFα. *In vitro* wurde in dieser Studie gezeigt, dass t10,c12-CLA die Sekretion von IL6 in den Adipocyten selbst erhöht, während *in vivo* eine Infiltration des Fettgewebes mit Makrophagen nachgewiesen wurde, die zum inflammatorischen Status des Fettgewebes mit erhöhtem TNFα beiträgt.

PPARs werden als die zentralen Mediatoren für die antiadipogenen Effekte von CLA angesehen. Bei den PPARs handelt es sich um Liganden-aktivierte nukleäre Rezeptoren, die mit dem Retinoid-Rezeptor heterodimerisieren und eine entscheidende Rolle in Zellstoffwechsel und –differenzierung spielen (Spiegelmann, 1998; Desvergne & Wahli, 1999). Auch in Apoptose, Entzündungsreaktion, Glukosehomöostase und Lipidmetabolismus sind PPARs involviert (Van den Heuvel, 1999). Bisher sind drei PPAR-Subtypen bei Säugern identifiziert: α, β (δ) und γ. Während PPARα vorwiegend in Herz, Niere, Leber, Monocyten und T-Lymphocyten exprimiert wird, kommt PPARγ in Fettgewebe, Immunsystem, Prostata, Brustdrüse und Kolon vor; PPARβ ist ubiquitär exprimiert (Braissant et al., 1995). Endogene Liganden der PPARs sind ungesättigte Fettsäuren und Eicosanoide (Stienstra et al., 2007), aber auch c9,t11-CLA und t10,c12-CLA sind Liganden von PPARα, PPARβ und PPARγ (Belury et al., 2002). CLA beeinflussen den Lipoproteinmetabolismus über PPARα-Aktivierung in der Leber (Belury et al., 1997), indem die Expression von Genen wie der Acetyl-CoA-Oxidase und Cytochrom P450 4A1 induziert wird. Der antiadipogenen Wirkung von CLA könnte somit der durch Stimulation von PPARα ausgelöste Anstieg der β-Oxidation und des Energieumsatzes zugrunde liegen (Sakono et al., 1999). PPARγ reguliert im Fettgewebe die Expression verschiedener Gene, die Adipogenese, Insulinsensitivität und Lipidmetabolismus kontrollieren (Lowel, 1999).

In die Differenzierung von Präadipocyten zu Adipocyten ist die Aktivierung von Schlüssel-Transkriptionsfaktoren wie PPARγ2 und C/EBP (CAAT/enhancer binding protein) involviert. Verschiedene Studien haben gezeigt, dass t10,c12-CLA diese Differenzierung sowohl bei tierischen (Kang et al., 2003) als auch humanen (Brown et al., 2003) Präadipocyten hemmt. Eine verminderte Expression von PPARγ-Zielgenen könnte hierbei entweder auf eine reduzierte Expression von PPARγ selbst oder auf eine posttranslationale Inhibition von PPARγ zurückzuführen sein (Kennedy et al., 2010). Brown et al. zeigten 2004, dass t10,c12-CLA in humanen Adipocyten die ERK (extracellular-signal-related kinase) aktiviert und somit die Expression von für die Adipogenese entscheidenden Genen und die insulinabhängige Glukoseaufnahme herunterreguliert. Auch eine Induktion von NFκB, einem Antagonisten von PPARγ (Chung et al., 2005), erfolgt durch t10,c12-CLA und lässt im Fettgewebe einen proinflammatorischen Status entstehen mit den oben erwähnten erhöhten TNFα und IL6-Konzentrationen und in humanem Fettgewebe vermehrt gebildeten Prostaglandinen (Steck et al., 2007). Adiponectin mRNA wird sowohl in Mäuse-Adipocyten als auch in humanen Fettzellen unter t10,c12-CLA-Einfluß vermindert exprimiert (Poirier et al., 2006; Brown et al., 2004); der Grund hierfür könnte unter anderem in der durch CLA verursachten verminderten PPARγ-Aktivität liegen, da die Expression der mRNA von Adiponectin durch PPARγ induziert wird (Iwaki et al., 2003). Die Aktivierung proinflammatorischer Signalwege durch eine kurzzeitige CLA-Supplementation stimuliert auch eine Lipolyse im Fettgewebe, wodurch die Aufnahme freier Fettsäuren in metabolisch aktive Gewebe wie Muskulatur und Leber ermöglicht wird. Bei Ratten ist beschrieben, dass in der Leber die mRNAs beider Adiponectinrezeptoren sowohl durch c9t11-CLA als auch durch t10,c12-CLA hochreguliert werden, während Adiponectin im Serum nicht beeinflusst wird (Choi et al., 2007). Martins et al. (2010) beschreiben hingegen bei übergewichtigen Zucker-Ratten eine Erhöhung des Adiponectins im Serum und eine Erniedrigung der Blutglukose durch Supplementation eines CLA-Isomerengemisches.

Schmidt et al. (2011) beschreiben *in vitro* an INS-1E-Zellen und pankreatischen β-Zellen eine erhöhte Glukose-stimulierte Insulinsekretion, vermittelt durch Wirkungen von c9,t11-CLA und t10,c12-CLA am G-Protein-gekoppelten Rezeptor FFA1/GPR40.

Eine Langzeitsupplementation von CLA zeigte weder bei Hamstern noch bei Mäusen einen Effekt auf die Lipolyse oder gar eine Reduktion der freien Fettsäuren (Kennedy et al., 2010). Des weiteren beschrieben Tsuboyama-Kasoaka et al. (2000) bei Mäusen durch CLA Supplementation induzierte Apoptose der Adipocyten und Lipodystrophie sowie einen erniedrigten Leptinwert im Serum. Auch bei Schweinen bewirkte die Supplementation von

CLA eine geringere Expression von Leptin und eine höhere Apoptoserate in Adipocyten. Ferner wurde ein Trend für das Auftreten kleinerer und vermehrt proliferierender Fettzellen aufgezeigt (Di Giancamillo et al., 2009).

1.3.3 CLA-Supplementation bei Milchkühen

Das ursprüngliche Interesse daran, Milchkühe mit CLA zu supplementieren, war darin begründet, den CLA-Gehalt der Milch zu erhöhen und somit potentiell förderliche Effekte auf die Gesundheit der Konsumenten zu nutzen. Bereits 1998 beschrieben Griinari et al. jedoch die Milchfett-reduzierende Wirkung bei Kühen, die bei auch laktierenden Mäusen (Loor et al., 2003), Ratten (Ringeis et al., 2004), Schweinen (Bontempo et al., 2004), Schafen (Lock et al., 2006), Ziegen (de Andrade & Schmidely,2006) und beim Menschen (Masters et al., 2002) nachgewiesen werden konnte. Die Reduktion des Milchfettgehaltes wird vornehmlich durch das Isomer t10,c12-CLA verursacht, das die Milchfettsynthese hemmt (Baumgard et al., 2000), jedoch werden auch t9,c11-CLA und c10,t12-CLA mit diesem Effekt assoziiert (Harvatine et al., 2009). Die Milchfettsekretion kann über 35 % der täglichen Nettoenergie-Aufnahme der Kuh verbrauchen (Bauman & Currie, 1980). Eine Senkung des Milchfettgehaltes könnte durch einen verringerten Energieoutput die zu Beginn einer Laktation häufig auftretende negative Energiebilanz abmildern. Um den Milchfettgehalt bereits zu Beginn einer Laktation zu senken, werden allerdings höhere Dosen von CLA benötigt als im Verlauf einer etablierten Laktation (Moore et al., 2004). De Veth et al. zeigten 2004, dass der Einfluss auf den Milchfettgehalt generell von der verabreichten Dosis von t10,c12-CLA abhängig ist. Bisher existieren nur wenige Daten zu einer langfristigen Supplementation von Milchkühen mit CLA. In den meisten der vorhandenen Studien wurde der Zeitraum der etablierten Laktation untersucht, in dem die Kuh eine ausgeglichene oder positive Energiebilanz hat. Während dieser Periode wurde durchgehend beobachtet, dass die basalen Konzentrationen von Glukose und Insulin im Plasma von t10,c12-CLA nicht beeinflusst wurden, obwohl die erwartete Senkung des Milchfettgehaltes eingetreten war (Perfield et al., 2002; Baumgard et al., 2002). Bauman fasst 2008 zusammen, dass die induzierte Reduktion des Milchfettgehaltes während der etablierten Laktation nicht mit erkennbaren Veränderungen in Glukose-, Wärme- und Energiehaushalt einhergeht. In einigen Studien wurde ein Anstieg der Energieretention im Fettgewebe beobachtet (Harvatine et al., 2009). Loor et al. beschreiben 2005, dass bei Kühen, die in der Zeitspanne vier Wochen vor bis fünf Wochen nach der Kalbung linolsäurereiches Leinöl erhalten haben, Glukose-, Cholesterin-, Phospholipid- sowie die Insulinkonzentrationen im Blut erhöht waren. Bei unter tropischen Bedingungen auf der Weide gehaltenen Milchkühen konnten Medeiros et al. (2010) folgende Einflüsse einer längerfristigen Supplementation mit CLA (Tag 28-85 p.p.) beobachten: Der Milchfettgehalt reduzierte sich von 2,9 % auf 2,14 %, der Proteingehalt erhöhte sich von 2,79 % auf 3,11 %, die tägliche Milchmenge von 11,8 kg auf 13,1 kg. Der tägliche Energieoutput der Kuh über die Milch blieb unverändert (37,8 MJ in der Kontrollgruppe, 36,9 MJ in der Fütterungsgruppe): Mit der gesteigerten Milchmenge musste von den Kühen in der Fütterungsgruppe auch eine höhere Menge an Laktose produziert werden (692 g pro Tag in der Kontrollgruppe, 726 g pro Tag in der Fütterungsgruppe). In dieser Studie hatte die CLA-Supplementation einen positiven Einfluss auf die Fruchtbarkeit: Die Kühe der Fütterungsgruppe wurden schneller tragend als die der Kontrollgruppe. Weder das Körpergewicht noch der BCS und die Trockenmassenaufnahme waren in dieser Studie durch die CLA-Supplementierung beeinflusst. Die metabolischen Reaktionen der Milchkuh auf eine CLA-Supplementierung sind zusammengefasst entscheidend dadurch beeinflusst, in welchem Energie- und Proteinstatus diese sich befindet (de Veth et al., 2006). Auch Sigl et al. (2010) konnten bei der Supplementation eines CLA-Isomerengemisches in der TP bei Färsen keine Effekte auf metabolische Schlüsseleffekte, die Blutkonzentrationen an NEFA (non esterified fatty acids), Glukose oder β-Hydoxybutyrat sowie auf die Genexpression von PPARα, PPARγ und TNFα im Lebergewebe nachweisen. Auch der Milchfett senkende Effekt wurde nicht beobachtet, woraus die Autoren schließen, dass t10,c12-CLA vor allem die in der etablierten Laktation vorherrschende *de novo* Fettsynthese im Alveolarepithel der Milchdrüse und nicht so sehr die Lipomobilisation aus dem Fettgewebe in der einsetzenden Laktation beeinflusst. In dieser Studien nahmen die Kühe durchschnittlich jedoch nur 61,5 % der verabreichten 7,5 g eines CLA-Gemisches (jeweils 50 % c9,t11- und t10,c12-CLA) auf, was zu erniedrigten inkorporierten Dosen von CLA führte. Maxin et al. (2010) beschrieben bei ruminaler und duodenaler Infusion von t10,c12 in der etablierten Laktation die erwartete Milchfettdepression, es zeigte sich aber ebenfalls ein größerer CLA-Effekt auf die Fettsäuren aus der *de novo* Fettsynthese der Milchdrüse als auf die aus dem Blut aufgenommenen langkettigen Fettsäuren, die der Lipolyse entstammen.

Studien zum Einfluss von CLA-Supplementierung auf die mRNA-Expression des Adiponectin-Systems und des IL6 beim Wiederkäuer waren nach unserem Wissen bisher nicht vorhanden.

2 Material und Methoden

2.1 Versuchstiere

Für die Untersuchungen standen in der Versuchsstation des Instituts für Tierernährung, Friedrich-Loeffler-Institut (FLI), Bundesforschungsinstitut für Tiergesundheit in Braunschweig, 22 Milchkühe der Rasse Deutsche Holstein zur Verfügung. Die Probennahme an diesen Tieren erfolgte im Rahmen des durch die Deutsche Forschungsgemeinschaft (DFG) geförderten Paketantrages „Einfluss einer gestaffelten Supplementation mit pansenstabilen konjugierten Linolsäuren (CLA) auf physiologische und pathophysiologische Prozesse bei Milchkühen sowie auf die Produktsicherheit“ (PAK 286; SA 432/10-1). Der Versuch und die Behandlungen der Tiere waren von der zuständigen Behörde, dem Niedersächsischen Landesamt für Verbraucherschutz und Lebensmittelsicherheit (LAVES) in Oldenburg, genehmigt (33.11.42502-04-071/07).

2.1.1 Haltung und Fütterung

Die Tiere wurden im Boxenlaufstall gehalten und zweimal täglich gemolken. Die Vorbereitungsfütterung aller Tiere war einheitlich, zur Abkalbung lag der Body Condition Score (BCS) aller Tiere zwischen 3,25 und 3,5. Unter Berücksichtigung der Leistung in der Vorlaktation, der Lebendmasse und der Anzahl der Laktationen erfolgte die Zuordnung der Kühe zu Kontroll- bzw. Fütterungsgruppe mit je 11 Tieren.

Die Tiere erhielten eine partielle Mischration (PMR, Zusammensetzung siehe Tabelle 2) aus 37 % Kraftfutter (Grundmischung) und 63 % Silage (60 % Mais- und 40 % Grassilage auf Trockenmasse (T)-Basis), die *ad libitum* angeboten wurde. Zusätzlich bekamen die Tiere über automatische Abrufstationen vor der Geburt 2 kg Kraftfutter (6,7 MJ NEL/kg T), nach der Geburt 4 kg Kraftfutter (Zusammensetzung siehe Tabelle 2) pro Tag zugeteilt. Dieses Kraftfutter enthielt bei den Tieren der Kontrollgruppe eine isoenergetische Fettsäurenmischung (Silafat®, BASF SE, Ludwigshafen), die der Hüllsubstanz des CLA-Gemisches entsprach. In der Fütterungsgruppe wurden einer Tagesration des Kraftfutters 100 g CLA-Gemisch (Lutrell® pure, BASF SE) beigefügt, das jeweils 10 g der CLA-Isomere c9,t11- und t10,c-12-CLA enthielt. Im Institut für Ernährungsphysiologie der Friedrich-

Schiller-Universität in Jena wurde eine Fettsäureanalytik des Futters durchgeführt. Tabelle 3 stellt die ermittelten prozentualen Anteile der genannten Isomere dar.
Tränkewasser stand zur freien Aufnahme zur Verfügung.

Tabelle 2: Komponenten und chemische Zusammensetzung der Kraftfutter und der partiellen Mischration (PMR) (Mittelwerte ± Standardabweichung) (modifiziert nach Pappritz et al., 2011) T: Trockenmasse, NEL: Netto-Energie-Laktation

	Kraftfutter CLA (n = 5)	**Kraftfutter Kontrolle** (n = 5)	**PMR** (n = 12)
Komponenten [%]			
Weizen	38,5	38,5	
Trockenschnitzel	29	29	
Rapsextraktionsschrot	20	20	
Sojaextraktionsschrot	6,5	6,5	
Sojaöl	1	1	
Calciumcarbonat	0,5	0,5	
Mineral-Vitaminmix	2	2	
CLA-Gemisch	2,5	-	
Fettsäuremischung (Kontrollzulage)	-	2,5	
Trockenmasse [g/kg]	887 ± 11	889 ±10	426 ± 20
Nährstoffe [g/kg T]			
Totale Asche	74 ± 3	71 ± 5	69 ± 4
Rohprotein	187 ± 5	187 ± 1	118 ± 10
Etherextrakt	53 ± 4	59 ± 3	32 ± 3
Rohfaser	89 ± 4	88 ± 6	193 ± 11
Säuredetergentienfaser	124 ± 10	123 ± 12	225 ± 15
Neutrale Detergentienfaser	256 ± 5	258 ± 10	425 ± 17
NEL [MJ/kg T]	8,8	8,8	6,8
t10,c12-CLA[g/kg T]	2,25	0,02	0,01

Tabelle 3: Fettsäureverteilung in den Fettsäuregemischen (modifiziert nach Pappritz et al., 2011)

Fettsäure [%FAME[1]]	Kontrolle	CLA
C16:0	10,9	10,9
C18:0	87,3	50,3
C18:1 *cis*-9	<0,01	10,7
Konjugierte Linolsäuren (CLA)		
C18:2 *cis*-9,*trans*-11	0,06	12
C18:2 *trans*-10, *cis*-12	0,02	11,9
Weitere CLA	0,15	0,95
Andere Fettsäuren	1,58	3,32

[1]Fettsäuremethylester

2.1.2 Zootechnische Datenerhebung und Gesundheitsstatus

Die tägliche Kraftfutter-, Grundfutter- und Wasseraufnahme wurde mittels eines automatischen Systems (Insentec B.V., Marknesse, Niederlande) aufgezeichnet. Zu jeder Melkzeit wurde die Milchmenge erfasst, und nach dem Melken erfolgte auf einer Durchlaufwaage die Ermittlung der Lebendmasse. Der Bestimmung des Body Condition Score sowie die sonographische Darstellung der Rückenfettdicke (Schröder & Staufenbiel, 2006) wurden zu den Zeitpunkten der Gewebeentnahmen (s.u.) vorgenommen.

Im Zeitraum drei Wochen a.p. bis zum erneuten Trockenstellen wurden die Versuchstiere tierärztlich durch die Klinik für Rinder der Tierärztlichen Hochschule Hannover betreut. Hierbei wurden jegliche Gesundheitsstörungen wie z.B. Nachgeburtsverhaltung, Mastitis, Endometritis, Labmagenverlagerung oder Lahmheiten sowohl hinsichtlich Zeitpunkt und Schweregrad des Auftretens als auch der therapeutischen Intervention dokumentiert.

2.2 Probenentnahmen und -lagerung

Die Probenentnahmen erfolgten durch Personal der Klink für Rinder der tierärztlichen Hochschule Hannover, unterstützt durch Personal der Arbeitsgruppe Physiologie und Hygiene des Institutes für Tierwissenschaften der Universität Bonn. Die Entnahmezeitpunkte der s.c. Schwanzfett- und Leberproben wurden partusorientiert festgelegt: 21 Tage a.p. sowie 1 Tag, 21, 70, 105 und 182 Tage p.p. und nach dem Absetzen der CLA-Supplementierung an Tag 182 p.p., nach 14 Tagen an Tag 196 p.p., nach 42 Tagen an Tag 224 p.p. und nach 70 Tagen an Tag 252 p.p.

Die Entnahme der Fettgewebsproben erfolgte im Bereich des Schwanzansatzes alternierend auf der rechten und der linken Seite. Hierzu wurden eine sacrococcygeale Epiduralanästhesie gesetzt (6 mL Procain 2%) und nach einem 2 cm langen Hautschnitt 4 Proben subcutanen Fettgewebes zu je ca. 400 mg entnommen. Die Hautwunden wurden antibiotisch mit Excenel® (Pharmacia, Erlangen, Deutschland) versorgt und mittels Hautheft verschlossen.

Die Entnahme der Leberbioptate erfolgte auf der rechten Seite der Kuh, transkutan unter sonographischer Kontrolle. Es wurde eine Lokalanästhesie (Procain 2%, CP-Pharma, Burgdorf, Deutschland) gesetzt und mittels Tru-Cut Biopsienandel (Ø 2,2 mm, Travenol Laboratories Inc, IL, USA) unter Verwendung eines automatischen Biopsiegerätes (BARD®, Tempe, AZ, USA) bioptiert. Die Leberbioptate hatten ein Gewicht von ca. 30 mg.

Nach der Entnahme wurden alle Gewebeproben unverzüglich in flüssigem Stickstoff gefroren und bei -80°C bis zur weiteren Bearbeitung gelagert.

2.3 mRNA-Expressionsanalysen

Allgemeines zur Arbeit im molekularbiologischen Labor

Da RNA höchst empfindlich gegenüber RNasen ist, wurden bei allen Arbeiten im Labor grundsätzlich Einmal-Handschuhe getragen. Zum Lösen der RNA wurden kommerziell erhältliches ribonukleasefreies Wasser oder mit Diethylpyrocarbonat behandeltes ribonukleasefreies, als DEPC-Wasser bezeichnetes Wasser, verwendet.
Um Kontaminationen zu vermeiden, wurden getrennte Arbeitsplätze jeweils nur für den Umgang mit RNA, cDNA, PCR-Mastermix oder PCR-Produkten mit eigenen Pipetten und Boxen mit Pipettenspitzen eingerichtet. Im Sinne des Gesundheitsschutzes wurde mit Ethidiumbromid und auch phenolhaltigen Stoffen (mutagene, cancerogene, sehr giftige Stoffe) ausschließlich mit Nitrilhandschuhen und unter einem Abzug gearbeitet.

Probenselektion

Alle Gewebeproben der Tiere der Kontrollgruppe wurden analysiert; in der Fütterungsgruppe wurden die Proben jedes zweiten Termines ausgewählt. Um im für dieses Projekt gesetzten Zeitrahmen zu bleiben, wurden demnach die Proben der Tage 21 a.p. sowie 21, 105, 196 und 252 Tage p.p. zur Analyse selektiert.

2.3.1 Isolierung der Gesamt-RNA

Homogenisierung der Gewebe und Isolierung der Gesamt-RNA

Die bei -80°C gelagerten Fettproben wurden in einem mit flüssigem Stickstoff vorgekühlten Mörser mittels Pistill und unter flüssigem Stickstoff zu feinem Pulver homogenisiert, da bei der Homogenisierung mittels Precellys® (peqlab, Erlangen) keine zufriedenstellende RNA-Qualität erreicht werden konnte. Das Abfüllen von jeweils 200 mg Homogenat in vorgekühlte 1,5 mL Eppendorfgefäße wurde mit einem in flüssigem Stickstoff vorgekühlten Spatel durchgeführt.
Die ebenfalls bei -80°C gelagerten Leberproben wurden in mit Keramikkügelchen (Ø 2,8 mm) gefüllten Spezialgefäßen im Precellys® unter 1 mL vorgekühltem (4°C) TRIzol®

Reagens (Invitrogen, Karlsruhe) mit folgenden Einstellungen des Precellys® homogenisiert: 5500 Umdrehungen 2 mal 10 sec mit 15 sec Pause.

Die Isolierung der Gesamt-RNA erfolgte, wie im Weiteren beschrieben, nach modifiziertem Protokoll des Herstellers mit TRIzol® Reagens. Zur Hydrolyse von DNA-Resten und Verunreinigungen erfolgten ein DNA-Verdau in Lösung und eine anschließende Reinigung der RNA mit dem RNeasy Mini Kit (Qiagen, Hilden).

Isolierung der Gesamt-RNA mit TRIzol® Reagens

Von jeder Fettprobe wurden 200 mg Homogenat mit 1 mL auf 4°C vorgekühltem TRIzol® Reagens versetzt. Es erfolgte nun eine Inkubation bei Raumtemperatur für 10 min, die die vollständige Dissoziation des TRIzol® Reagens in das Gewebe gewährleistete. Das TRIzol® Reagens lysiert die Zellen der Gewebe und setzt so enthaltene RNA, DNA, Proteine und andere Zellbestandteile frei. Des Weiteren denaturiert es Proteine und somit auch Ribonukleasen und schützt so zytoplasmatische und nukleäre RNA vor dem Abbau.

Nach Zugabe von 0,2 mL Chloroform und Inkubation bei Raumtemperatur wurde durch 15 min Zentrifugation bei 12.000 x *g* und 4°C eine Phasentrennung der Probe in drei Phasen herbeigeführt. Durch das Chloroform entsteht ein größerer Dichtegradient zwischen den Komponenten des Gemisches. In der oberen, wässrigen Phase befand sich die RNA, in der Interphase vor allem DNA, die untere Phenolphase enthielt vornehmlich denaturiertes Protein. Die wässrige Phase mit der RNA wurde in ein neues Eppendorfgefäß überführt und dort mit 0,5 mL auf 4°C gekühltem 100 %igem Isopranol präzipitiert. Nach einer 10 min Inkubation bei Raumtemperatur erfolgte eine Zentrifugation bei 12.000 x *g* und 4°C. Der Überstand wurde verworfen und das entstandene RNA-Pellet in 1 mL auf -20°C vorgekühltem 75 %igem Ethanol gewaschen. Nach einer 5 min Zentrifugation bei 7.500 x *g* und 4°C und Verwerfen des Überstandes wurde das Pellet bei geöffnetem Deckel im Eppendorfgefäß etwa 10 min lang getrocknet. Hierbei war, um eine Löslichkeit des Pellets zu erhalten, darauf zu achten, dass das Pellet nicht vollständig austrocknete. Anschließend wurde das Pellet in 40 µL DEPC-Wasser gelöst.

DNA-Verdau in Lösung und Reinigung der RNA

Die in DEPC-Wasser gelöste Gesamt-RNA wurde mit 2,5 µL nach Vorschrift des Herstellers gelöster DNase 1 (Qiagen) und 10 µL RDD Puffer versetzt und mit DEPC-Wasser auf 100 µL Volumen aufgefüllt. Es folgte eine Inkubation bei 25°C für 10 min. Nach Zugabe von 350 µL RLT Puffer sowie 250 µL 99 %igem unvergällten Ethanol wurde die Lösung durch Pipettieren gemischt und auf die Silicatmembransäule des Kits (Qiagen) gegeben. Auf der Säule erfolgten nach Vorschrift des Herstellers mehrere Waschschritte mit den Puffern des Kits. Diese Reinigung der RNA beruht auf dem Prinzip der selektiven Bindungseigenschaften der Silikatmembran. Das spezielle Puffer-System erlaubte es, bis zu 100 µg RNA mit einer Länge von über 200 Nukleotiden an die Silikatmembran zu binden. Somit wurde die Konzentration der mRNA erhöht, da die meisten RNAs mit einer Länge unter 200 Nukleotiden (15-20 % der Gesamt-RNA), wie z.B. tRNAs, selektiv entfernt wurden.
Nach dem letzten Waschschritt erfolgte die Elution der RNA in 40 µL RNase-freiem Wasser aus dem Kit. Die gewonnen RNA wurde bei -80° C gelagert.

RNA-Quantität und -Qualität

Die Konzentration der RNA in ng/µL wurde mittels Nanodrop (peqlab) bestimmt. Nach Messung des Nullwertes im RNase-freien Wasser, das zur Lösung der RNA genutzt wurde, wurde die Konzentration der RNA bestimmt, wozu 1,5 µL RNA pipettiert wurden. Es wurde die Extinktion bei 260 nm und 280 nm gemessen. Bei einer optischen Dichte (OD) von 260 nm (Absorptionsmaximum von Nukleinsäuren) erfolgte die Bestimmung die Konzentration der RNA. Hieraus wurde die Menge der Gesamt-RNA je Probe berechnet. Aus dem Verhältnis der OD bei 260 nm und der OD bei 280 nm erhält man eine Aussage über Proteinkontaminationen in der Lösung; es wurde darauf geachtet, dass dieser Wert in den Proben zwischen 1,8 und 2,0 lag, andernfalls erfolgten Extraktion und Reinigung der RNA aus einem weiteren Aliquot der selben Probe.

Denaturierende RNA-Gelelektrophorese

Die Überprüfung der Qualität der gereinigten RNA erfolgte für alle Proben visuell mittels einer horizontalen denaturierenden Gelelektrophorese. Hierzu wurde ein 1,2 %iges

Formaldehyd-Agarosegel vorbereitet. Agarose bildet als Polysaccharid eine dreidimensionale Netzstruktur aus, in der es, wenn Strom fließt, zu einer Auftrennung der RNA-Fragmente nach ihrer Größe kommt. Fragmente gleicher Größe werden durch den verwendeten Fluoreszenzfarbstoff Ethidiumbromid als klar abgegrenzte Banden sichtbar, durch enzymatischen Abbau degradierte RNA bildet unspezifische Schlieren. Qualitativ hochwertige RNA lässt eine etwa doppelt so farbintensive Bande der 28s-rRNA im Vergleich zur 18s-rRNA erkennen.

Zur Herstellung des RNA-Gels wurden 1,05 g Agarose (Invitrogen) und 76,1 mL DEPC-Wasser im Mikrowellenherd aufgekocht, bis sich eine vollständig klare Lösung bildete. Nach anschließendem Abkühlen auf ca. 60°C wurden 8,78 mL 10 X MOPS-Puffer und 2,63 mL deionisiertes Formaldehyd (37 %, pH $\geq$ 4) hinzugefügt und das flüssige Gel in einen horizontalen Gelschlitten mit bereits eingesetztem Probentaschenkamm gegossen. Nach Erstarren des Gels wurden der Probentaschenkamm entfernt und der Gelschlitten in die Elektrophoresekammer eingesetzt und mit Laufpuffer bedeckt. Als Laufpuffer diente 1 X MOPS-Puffer.

Von der aufgereinigten RNA wurden 2 µL eingesetzt, zu denen 10 µL DEPC-Wasser und 3 µL RNA-Ladepuffer mit Ethidiumbromid zugesetzt wurden. Es erfolgten zur Denaturierung der RNA eine zehnminütige Inkubation bei 65°C im Thermomixer und anschließend eine Lagerung der Proben auf Eis, um eine Renaturierung der RNA zu verhindern, bevor die Proben in die Taschen des Gels pipettiert wurden. Die in der Elektrophoresekammer angelegte Spannung betrug 7 V/cm für 60 Minuten. Die bildliche Darstellung der Gele erfolgte mittels des Kamerasystems Biostep Dark Hood DH-40/50® (Biostep, Jahnsdorf) und der zugehörigen Software Argus X1 version 4.5.

2.3.2 Reverse Transkription (RT)

Die Reverse Transkription, das Umschreiben der RNA in cDNA (complementary DNA), war Vorraussetzung für den indirekten Nachweis der RNA mittels PCR. Random hexamer Primer dienten der Reversen Transkriptase, einer RNA-abhängigen DNA-Polymerase, als Startmoleküle. Diese Oligomere bestehen aus sechs zufällig kombinierten Nukleotiden und binden an die jeweiligen komplementäre Sequenzen der RNA, die beliebig in der Matritze verteilt sind. Von diesen Primern ausgehend synthetisiert die Reverse Transkriptase cDNA,

bis sie durch die nächste Bindungsstelle eines Hexamers gestoppt wird. So wird die gesamte in der Präparation vorhandene RNA in cDNA umgeschrieben.
Pro 80 µL-Ansatz wurde 1 µg RNA eingesetzt und auf 32 µL mit Reinstwasser aufgefüllt. Es wurden 4 µL Random Hexamer (250 pmol/µL) (Sigma-Aldrich, Nümbrecht) und 18 µL Reinstwasser hinzugegeben. Im programmierbaren Gradient-Cycler PTC 200 (MJ Research, Biozym Diagnostik, Hessisch Oldenburg) wurden die Ansätze bei 65°C 5 min denaturiert und auf 4°C abgekühlt. Auf Eis wurden weitere Komponenten (Fermentas, St. Leon) als Mastermix hinzugefügt:

16 µL 5 x Revert Aid-Puffer (250 mM Tris-HCl, 250 mM KCl, 4 mM $MgCl_2$, 50 mM DTT)
4 µL dNTP (je 10 mM dATP, dCTP, dGTP, dTTP)
2 µL RNAse Inhibitor (40 Units/µL)
4 µL Revert Aid™ M-MuLV Reverse Transkriptase® (200 Units/µL)

Als Annealingtemperatur wurden 27°C für 10 min gewählt. Das Umschreiben der gesamten RNA in cDNA fand bei 42°C innerhalb 60 min statt. Nach einer Denaturierungszeit von 1 min bei 99°C wurde die Reaktion gestoppt.
Als Negativkontrolle diente ein Ansatz, in den statt RNA Reinstwasser pipettiert wurde, als weitere Kontrolle fungierte ein Ansatz ohne Reverse Transkriptase (-RT).
Die auf diesem Wege gewonnene cDNA wurde, um sie in der quantitativen real-time PCR (qPCR) einzusetzen, mit Reinstwasser 1:4 vedünnt und aliquotiert, sodass jede cDNA maximal dreimal aufgetaut wurde.

2.3.3 Zielgene und Referenzgene für die qPCR

Als Zielgene werden im Folgenden jene Gene bezeichnet, deren mRNA-Expression in diesen Untersuchungen quantifiziert wurde. Dies waren die Gene für Adiponectin, Adiponectinrezeptor 1 (AdipoR1), Adiponectinrezeptor 2 (AdipoR2) im subkutanen Fettgewebe sowie AdipoR1, AdipoR2 und Interleukin 6 (IL6) im Lebergewebe.
Referenzgene (RG) dienen als Bezugsgröße zur indirekten Quantifizierung des Transkriptionsniveaus der Zielgene und zum Ausgleich etwaiger Schwankungen der in der cDNA-Synthese eingesetzten Mengen an RNA. Hierfür geeignete Gene müssen im

Probenmaterial gleichbleibend exprimiert sein, und ihre Expression darf weder durch den Probennahmezeitpunkt noch verschiedene Behandlungen beeinflusst sein. Die Expression der RG wurde in eigenen Ansätzen ermittelt. Zur Auswahl stand ein Set von sieben RG:

- Eucariotic translation initiation factor 3, subunit K (EIF3K)
- Emerin (EMD)
- MARVEL domain containing 1 (MARVELD1)
- Low density lipoprotein receptor-related protein 10 (LRP10)
- Hippocalcin-like 1 (HPCAL1)
- RNA Polymerase II (Pol II)
- Glyceraldehyde-phosphate-dehydrogenase (GAPDH)

Die Zugangsnummern der Primer sind Tabelle 4 zu entnehmen.
Die Stabilität der RG im Bezug auf ihre Expression in den zu untersuchenden Geweben wurde in einem Vorversuch an jeweils 14 zufällig ausgewählten Leber- bzw. s.c. Fettproben ermittelt. Hierbei diente das Programm geNorm® (Vandesompele et al., 2002) zur statistischen Analyse. Das Programm geNorm® verwendet einen Algorithmus, der alle möglichen paarweisen Kombinationen der Expressionsverhältnisse für jedes Gen gegen alle anderen Gene in jeder Probe vergleicht und so einen Instabilitätsfaktor (M) und einen Wert (V) errechnet. V gibt die Variation der paarweisen Vergleiche an und ermittelt so die optimale Anzahl der zu nutzenden Referenzgene. Gene mit einem hohen M-Wert, also wenig stabiler Expression, werden stufenweise eliminiert, bis die zwei RG mit der stabilsten Expression verbleiben. Das Verhältnis einer mittels Standardkurve ermittelten Molekülzahl einer Ziel-mRNA zum geometischen Mittel der Molekülzahl der für das Gewebe ausgewählten drei RG in dieser Probe bildete die Grundlage des Vergleiches der Einzelproben und der weiteren statistischen Auswertung.

2.3.4 Herstellung einer PCR-Produkt-Standardreihe für die qPCR

Die Quantifizierung der mRNA-Expression der Ziel- und Referenzgene erfolgte im Vergleich zu einer genspezifischen Standardreihe aus gereinigtem PCR-Produkt. Die Verdünnungsstufen dieser Standardreihen reichten von 10^0 bis10^7 Moleküle/µL, enthielten also acht Standardkonzentrationen. Jede Standardreihe musste in der qPCR eine Effizienz von 100 % ± 15 und ein Bestimmtheitsmaß von mindesten 98 % ($R^2 = 0{,}980$) aufweisen, andernfalls wurde die betreffende Messung wiederholt.
Das den Standardreihen jeweils zugrunde liegende PCR-Produkt wurde, wie unten beschrieben, gereinigt und aus einem Agarose-Gel ausgeschnitten, um mögliche Störsignale durch unspezifische PCR-Produkte, Salze und andere Verunreinigungen in der qPCR zu vermeiden.
Die Primersequenzen (Tabelle 3) wurden der Literatur entnommen: LRP10, GAPDH, HPCAL1 aus Hosseini et al., 2010; Pol II aus Murani et al., 2007, EMD, EIF3K, MARVELD1 aus einer Arbeit von Kadegowda et al., 2009; Adiponectin und AdipoR2 aus Lemor et al., 2009 sowie für IL6 und AdipoR1 aus Hosseini et al., 2009. Die Herstellung der HPLC (high-performance liquid chromatography) gereinigten Primer erfolgte durch die Firma Invitrogen.

Standard-PCR zur Herstellung von PCR-Produkt

Es wurde nach primerspezifischem Protokoll eine Standard-PCR im Gradient-Cycler PTC-200 (MJ Research, Biozym Diagnostik) mit sechs Ansätzen zu je 50 µL und einer Negativkontrolle durchgeführt.
Zu je 5 µL cDNA wurden auf Eis 45 µL Mastermix mit folgenden Komponenten hinzugegeben:

35,8 µL Reinstwasser

5 µL 10xPuffer BioTherm mit 15 mM $MgCl_2$ (Gene Craft GmbH, Lüdinghausen)

1,25 µL dNTP (10 mM dATP, dCTP, dGTP, dTTP)

1,25 µL *Forward*-Primer (20 pmol)

1,25 µL *Reverse*-Primer (20 pmol)

0,5 µL Supratherm DNA Polymerase® (5 Units/µL) (Gene Craft)

Der gemischte Ansatz wurde bei 72°C in das Gerät eingebracht, wo ein vereinfachter "hot start" mit 72°C für 2 min und anschließend 95°C für 5 min erfolgte. Danach folgte eine primerspezifische Anzahl an Zyklen (LRP10, HPCAL1, IL6 35; Adiponectin, AdipoR1, AdipoR2 38; GAPDH 26; EMD, MARVELD1, EIF3K 39) mit jeweils drei verschiedenen Temperaturphasen:

1. Denaturierungsphase von 40 sec bei 94°C, in der die helikalen Strukturen der DNA aufgeschlossen wurden.
2. Annealingphase von 30 sec bei primerspezifischer Temperatur (LRP10, GAPDH, Adiponectin 60°C; Pol II 54°C; HPCAL1 56°C; AdipoR1, IL6 55°C; AdipoR2 57°C; EIF3K, MARVELD1, EMD 55), in deren Verlauf sich die Oligonukleotide als Primer für die DNA-Polymerase an die komplementären DNA-Abschnitte anlagerten
3. Polymerisationsphase von 40 sec bei 72°C, während der die hitzestabile Taq-DNA-Polymerase den Primer in 3'Richtung komplementär verlängerte.

Gelelektrophorese zur Überprüfung der PCR

Zur Herstellung des DNA-Gels wurden 1,5 g Agarose und 73,5 mL 1 x TBE-Puffer im Mikrowellenherd aufgekocht, bis sich eine vollständig klare Lösung bildete. Nach anschließendem Abkühlen auf ca. 60°C wurden 30 µL Ethidiumbromid (100 µg/mL) hinzugefügt und das flüssige Gel in einen horizontalen Gelschlitten mit bereits eingesetztem Probentaschenkamm gegossen. Nach Erstarren des Gels wurde der Gelschlitten in die Elektrophoresekammer eingesetzt und mit Laufpuffer bedeckt. Als Laufpuffer diente 1 X TBE-Puffer.

Es wurden 5 µL je Ansatz PCR-Produkt bzw. ΦX174 DNA/BsuRI (HaeIII) Marker (Fermentas # 9) mit 3 µL DEPC-Wasser und 2 µL Orange G Ladepuffer versetzt. Auf einem 2 %igen Agarose-TBE-Gel erfolgte die elektrophoretische Auftrennung. Als Laufpuffer diente 1 X TBE-Puffer. Die in der Elektrophoresekammer angelegte Spannung betrug 7 V/cm für 60 Minuten. Die bildliche Darstellung der Gele erfolgte mittels des Kamerasystemes Biostep Dark Hood DH-40/50® (Biostep) und der zugehörigen Software argus X1 version 4.5. Zur Überprüfung der Fragmentgröße wurde ein Größenvergleich zum

Molekulargewichtsmarker ΦX174 DNA/BsuRI (HaeIII) Marker (Fermentas # 9) durchgeführt.

Reinigung des PCR-Produktes zur Konzentrierung

Die im Folgenden beschriebenen Komponenten zu Reinigung des PCR-Produktes entstammen dem innuPREP DOUBLEpure Kit (AnalyticJena, Jena). Alle Schritte wurden bei Raumtemperatur durchgeführt. Je zwei Ansätze des PCR-Produktes (=100 µL) wurden mit 1000 µL Bindungspuffer des Kits versetzt. Davon wurden 750 µL auf die Silikatmembran einer Kit-Säule pipettiert und bei 12.000 x *g*, 2 min zentrifugiert. Dieser Vorgang wurde so oft wiederholt, bis das komplette PCR-Produkt im Bindungspuffer über die Silikatmembran einer Kit-Säule (maximale Bindungskapazität 100 µg PCR-Produkt) gelaufen war. Dann erfolgte eine Zentrifugation bei 20.000 x *g* für 1 min. Es folgten die Zugabe von 18 µL Elutionspuffer, eine Inkubation für 1 min und Zentrifugation bei 6.000 x *g* für 1 min. Das so gewonnene Eluat wurde zur effektiveren Elution und weiteren Aufkonzentrierung des PCR-Produktes noch zweimal auf die Silikatmembran der Säule gegeben und bei 6.000 x *g* für 1 min zentrifugiert.

Der PCR-Produktgehalt des Eluates wurde mittels Nanodrop (peqlab) gemessen.

Gelelektrophorese zur Gelextraktion des PCR-Produktes

16,5 µL des gereinigten PCR-Produktes wurden mit 6 µL Orange G Ladepuffer versetzt, 5 µL ΦX174 DNA/BsuRI (HaeIII) Marker (Fermentas # 9) wurden mit 2 µL Orange G Ladepuffer versetzt. Beide wurden auf ein 2 %iges Agarose-TBE-Gel aufgetragen und elektrophoretisch aufgetrennt. Als Laufpuffer diente 1 X TBE-Puffer. Die in der Elektrophoresekammer angelegte Spannung betrug 7 V/cm für 60 min.

Es erfolgten die Kontrolle der Fragmentlänge und das Ausschneiden der Bande aus dem Gel auf dem UV-Tisch.

Reinigung des aus dem Gel ausgeschnittenen PCR-Produktes

Die im Folgenden beschriebenen Komponenten zu Reinigung des PCR-Produktes enstammen dem innuPREP DOUBLEpure Kit (AnalyticJena). Alle Schritte wurden bei Raumtemperatur durchgeführt. Das ausgeschnittene Gelstück wurde mit 1mL Gel Solubilizer für 10 min im Thermomixer vollständig gelöst, und es wurden 750 µL Bindungspuffer hinzugegeben. Diese

Lösung wurde auf die Silikatmembran einer Kit-Säule pipettiert und bei 10.000 x *g* für 1 min zentrifugiert. Die Säule wurde in ein neues Sammelgefäß gestellt. Dann wurden 500 µL HS-Puffer hinzugegeben und bei 10.000 x *g* für 1 min zentrifugiert. Die Säule wurde in ein neues Sammelgefäß gestellt. Es wurden 750 µL MS-Puffer hinzugegeben und bei 10.000 x *g* 1 min lang zentrifugiert. Die Säule wurde in ein neues Sammelgefäß gestellt und bei 16.000 x *g* für 2 min zentrifugiert. Dann erfolgten die Zugabe von 30 µL Elutionspuffer, eine Inkubation für 1 min und eine Zentrifugation bei 6.000 x *g* für 1 min. Das so gewonnene Eluat wurde zur effektiveren Elution und weiteren Konzentrierung des PCR-Produktes noch zweimal auf die Silikatmembran der Säule gegeben und bei 6.000 x *g* 1 min lang zentrifugiert.
Die PCR-Produkkonzentration des Eluates wurde mittels Nanodrop (peqlab) gemessen.

Verdünnung des gereinigten PCR-Produktes

Es wurde die im gereinigten PCR-Produkt enthaltene Molekülzahl/µL mit Hilfe des auf folgender Webseite verfügbaren Programmes errechnet:
http://www.uri.edu/research/gsc/resources/cndna.htmL (24.06.2010)
Die Berechnung basiert auf dem durchschnittlichen Gewicht eines Basenpaares von 650 Dalton sowie der Länge des PCR-Produktes und der mittels Nanodrop (peqlab) gemessenen PCR-Produktkonzentration im Eluat.
Die ermittelten Molekülzahlen bewegten sich im Bereich von 10^{11}/µL. Daher wurde 1:100 mit Tris-Puffer (10 mM, pH = 8,5) verdünnt, um das PCR-Produkt auf einen Gehalt von ~10^9 Moleküle/µL in einem Endvolumen von 1 mL einzustellen. Anschließend wurde mit Tris-Puffer (10 mM, pH 8,5) auf exakt 10^9 Moleküle/µL verdünnt, folgend 1:100 mit Tris-Puffer (10 mM, pH 8,5) auf 10^7 Moleküle/µL. Es schlossen sich weitere 1:10 Verdünnungen mit Tris-Puffer (10mM, pH 8,5) von 10^7 bis 10^0 Moleküle/µL an, wobei jeweils 10 µL PCR.Produkt der nächsthöheren Verdünnungsstufe zu 90 µL Tris-Puffer (10 mM, pH 8,5) pipettiert wurden.
Die auf diese Weise hergestellten Verdünnungsreihen dienten im Folgenden als Standards zur Bestimmung der Ausgangskonzentration an mRNA in unbekannten Fett- und Leberproben in der qPCR.

2.3.5 Quantitative Real-time PCR

Die Quantifizierung der mRNA-Expression der Zielgene erfolgte mittels qPCR in einem real-time-PCR-Cycler MX3000P (Stratagene/Agilent, Santa Clara, CA, USA) mit SYBRGreen® als Doppelstrang-DNA-spezifischem Fluoreszenzfarbstoff. Die Primer und die PCR-Bedingungen sind in Tabelle 4 dargestellt.

Tabelle 4: Primer für die qPCR

Name	Zugangs nummer	Forward primer Sequenz[5'-3'] Reverse primer Sequenz [5'-3']	Fragment Länge (bp)	Annealing (°C)	Zyklen
GAPDH	U85042	AATGGAAAGGCCATCACCATC GTGGTTCACGCCCATCACA	204	60	40
LRP10	Bc149232	CCAGAGGATGAGGACGATGT ATAGGGTTGCTGTCCCTGTG	139	61	33
Pol II	X63564	GAAGGGGGAGAGACAAACTG GGGAGGAAGAAGAAAAAGGG	86	60	40
EIF3K	NM_001034489	CCAGGCCCACCAAGAAGAA TTATACCTTCCAGGAGGTCCATGT	125	59	40
MARVELD1	NM_001101262	GGCCAGCTGTAAGATCATCACA TCTGATCACAGACAGAGCACCAT	100	59	40
EMD	NM_203361	GCCCTCAGCTTCACTCTCAGA GAGGCGTTCCCGATCCTT	100	59	40
HPCAL1	NM_001098964	CCATCGACTTCAGGGAGTTC CGTCGAGGTCATACATGCTG	99	60	35
Adiponectin	NM_174742	CTGGAGAGAAGGGAGAGAAAG TGGGTACATTGGGAACAGTG	204	60	40
AdipoR1	XM_593692	GCTGAAGTGAGAGGAAGAGTC GAGGGAATGGAGTTTATTGCC	118	60	40
AdipoR2	XM_580459	GGCAACATCTGGACACATC CTGGAGACCCCTTCTGAG	200	60	40
IL6	BC123577	TGCAGTCTTCAAACGAGTGG TAAGTTGTGTGCCCAGTGGA	182	60	40

Jede Reaktion wurde in einem Gesamtvolumen von 10 µL durchgeführt, zusammengesetzt aus 2 µL 1:4 verdünnter cDNA, 1 µL primerspezifischem Primermix (bei gleichen Anteilen Forward und Reverse Primer 4 pmol/µL für alle Primer außer Pol II, Adiponectin und AdipoR1, da 8 pmol/µL), 5 µL SYBRGreen® Jump Start Taq Readymix (Sigma-Aldrich) und 2 µL Reinstwasser. Negativkontrollen wurden durchgeführt, indem Reinstwasser anstelle der cDNA pipettiert wurde; des weiteren wurden die Negativkontrollen und –RT-Kontrollen der cDNA-Synthesen mitgeführt, um mögliche Kontaminationen auszuschließen.

Es wurde die Reproduzierbarkeit der Ergebnisse durch Dreifachbestimmung jedes Standards und jedes cDNA-Ansatzes und Berechnung des Variationskoeffizienten ermittelt. Der

Variationskoeffizient musste unter 30 % liegen, andernfalls wurde die betreffende Messung wiederholt. Ergänzend wurde zur Bestimmung der Interassay-Varianz eine gepoolte cDNA, einmal 1:4 und einmal 1:6 verdünnt, jeweils im Dreifachansatz auf jeder Platte mitgeführt. Diese gepoolte cDNA diente als "interrun calibrator", anhand dessen das Programm MxPro für alle in einem Projekt zusammengefassten qPCR-Läufe eines Genes den Threshold festlegt; den Analysepunkt der qPCR also, an dem ein definiertes Fluoreszenzniveau erreicht wird. Der Anzahl von PCR-Zyklen, die jeweils benötigt wird, um den Threshold zu erreichen, wird durch den C_t (Cycle threshold) angegeben.

Durch eine initiale zehnminütige Erhitzung im qPCR-Cycler wurde die hot-start Taq-Polymerase aktiviert. Es folgte eine primerspezifische Anzahl an Zyklen (Tabelle 4) mit Denaturierungsphasen von 30 sec bei 95°C und Annealingphasen primerspezifischer Temperatur und Dauer (Tabelle 4). Diese Annealingphasen dienten der Hybridisierung der Primer an die einzelsträngige DNA. Weiterhin folgten 72°C für 30 sec als Elongationsphase, während der die hot-start Taq-Polymerase die zwischen den Primern liegenden Sequenzabschnitte der DNA amplifizierte (95°C für 1 min, 55°C für 30 sec und 95°C für 30 sec).

Die Fluoreszenzmessung erfolgte zweimal am Ende der Annealingphase. Nach Ende des letzten Zyklus wurde eine Dissoziationskurve erstellt, durch die die Schmelzpunkte der PCR-Produkte erfasst wurden. Die Schmelztemperatur richtet sich nach Länge und Basenzusammensetzung eines PCR-Produktes und ist somit spezifisch.

Mittels der Software MxPro, Version 4.10 (Stratagene/Agilent) wurde eine gemeinsame multiple Analyse aller Platten eines Genes je Gewebe durchgeführt, wobei die Poolproben als "interrun calibrator" dienten. Die berechnete Effizienz der Standardreihen in den einzelnen Läufen eines Genes durfte hierbei nicht um mehr als 5% differieren. Das Programm MxPro ermittelte so die in einer Probe enthaltene Menge an Ziel-mRNA anhand einer gemittelten PCR-Produkt-Standardreihe aus allen Messungen eines Zielgenes.

2.4 Statistische Auswertung

Die Rohwerte aus der qPCR wurden über die Werte der RG normalisiert. Hierzu wurde die ermittelte Menge an Ziel-mRNA in Relation zum geometrischen Mittel (Geomittel) der Menge der mRNA der drei RG gesetzt. Da die Effizienz der cDNA-Synthese nicht erfasst wurde, wurden im Weiteren die Ergebnisse der qPCR für die Zielgene als relative Menge der mRNA in Arbitrary Units [A.U.] angegeben.

$$\text{Relative Menge Zielgen [A.U.]} = \frac{\text{Quantität Zielgen}}{\text{Quantität geometrisches Mittel Referenzgene}}$$

Zur weiteren statistischen Auswertung der Daten aus den qPCR-Messungen wurde das Programm SPSS in der Version 17.0 (SPSS Inc., Chicago, IL, USA) herangezogen.

Zur Ermittlung eines potentiellen Einflusses sowohl der CLA-Supplementierung als auch der verschiedenen Stadien der Gestation bzw. Laktation auf die Expression des jeweiligen Genes wurde das Allgemeine Lineare Modell mit der Syntax des gemischten Modells angewendet. Hierbei wurde die Kovarianzstruktur mit dem jeweils kleinsten Akaike-Informationskriterium ausgewählt. Für Mehrfachvergleiche wurde eine Bonferroni-Korrektur integriert. Das Signifikanzniveau wurde bei $p \leq 0{,}05$ festgelegt. Weiterhin wurden Spearman Korrelationen zwischen allen Zielgenen über den gesamten Zeitraum der Betrachtungen berechnet, das Signifikanzniveau wurde bei $p \leq 0{,}01$ festgelegt.

3 Ergebnisse

3.1 Methodik

3.1.1 Qualität der isolierten Gesamt-RNA

Die Qualität bzw. Integrität aller nach Extraktion und Reinigung erhaltenen RNA wurde visuell anhand der Integrität in der denaturierenden Gelelektrophorese überprüft. Eine doppelt so starke Fluoreszenz der 28S-Bande wie der 18S-Bande entspricht einer intakten, nicht degradierten RNA (Ivell, 1998). Wie Abbildung 10 exemplarisch darstellt, war die isolierte RNA von guter Qualität. Bei Vorliegen deutlicher Abweichungen dieses Qualitätsmerkmales wurde die RNA verworfen und eine äquivalente Gewebeprobe extrahiert.

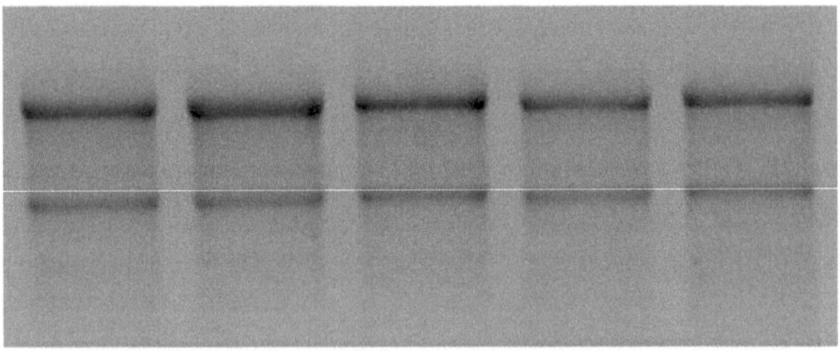

Abbildung 10: **Exemplarische Darstellung einer denaturierenden Gelelektrophorese** (Formaldehyd/MOPS, Negativbild) mit Ethidiumbromid als Farbstoff zur Darstellung der Integrität der isolierten Gesamt-RNA

3.1.2 Auswahl der Referenzgene

Die Ergebnisse der mittels geNorm® durchgeführten Analysen der Vorversuche zur Ermittlung der jeweils drei im Bezug auf die mRNA Expression stabilsten RG pro Gewebe sind exemplarisch für das s.c. Fettgewebe in Abbildung 11 dargestellt.

Für das s.c. Fettgewebe wurden Pol II (M = 0,409), LRP10 (M = 0,432) und GAPDH (M = 0,457) ausgewählt, M ist der vom Programm geNorm® angegebene Instabilitätsfaktor. Der Wert V, der die Variation der paarweisen Vergleiche der RG angibt, lag für diese drei RG bei 0,117. Für das Lebergewebe wurden LRP10 (M = 0,199), EIF3K (M = 0,208) und Pol II (M = 0,229) als RG ausgewählt, der Wert V lag für diese drei RG bei 0,0534.

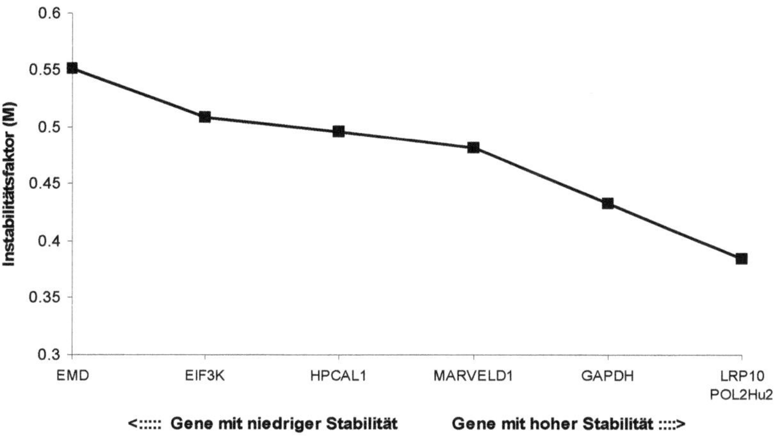

Abbildung 11: Durchschnittliche M-Werte der Referenzgene im s.c. Fettgewebe (mittels geNorm® berechnet)

3.1.3 PCR-Produkt-Standardreihen

Die Ergebnisse der Standardreihen hinsichtlich Effizienz und Bestimmtheitsmaß sind in Tabelle 5 dargestellt.

Beispielhaft sind in den Abbildungen 12 bis 14 Standardreihe, Amplifikations- und Dissoziationskurven des Genes EIF3K gezeigt, wie sie sich im Modus der Multiplen Analyse durch die Software MxPro darstellen. Pro Multipler Analyse, also pro Gen und Gewebe, wurden drei Standardkurven aus drei qPCRs zu einer Standardkurve zusammengefasst.

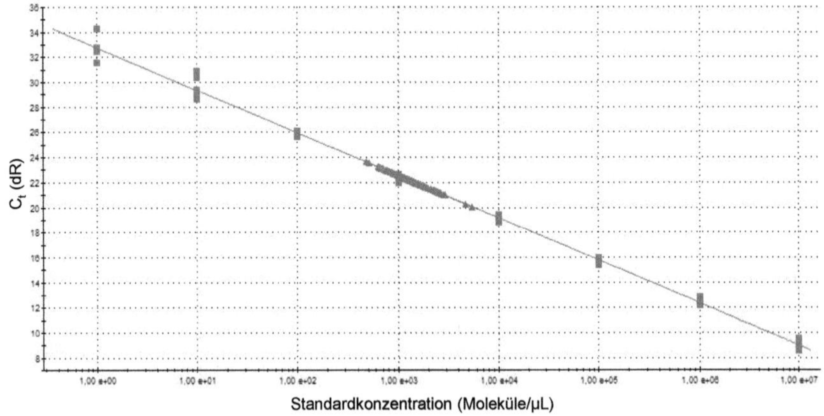

Abbildung 12: Exemplarische Darstellung der EIF3K-PCR-Produkt-Standardkurve Dargestellt sind die acht PCR-Produkt-Standards mit den Konzentrationen von 10^0 bis 10^7 Molekülen/µL (X-Achse) gegen die C_t-Werte (Y-Achse). Die Standardkurve weist eine Effizienz von 97,1% und ein Bestimmtheitsmaß von $R^2 = 0,996$ bzw. 99,6 % auf. Als Dreiecke auf der Geraden im Bereich um den Standard 10^3 sind die einzelnen Messwerte der Proben zu erkennen.

Tabelle 5: Effizienz und Bestimmtheitsmaß der Standardreihen

Gen	Gewebe	Effizienz [%]	Bestimmtheitsmaß [%]
EIF3K	Leber	97,1	99,6
LRP10	Leber	103,6	99,2
Pol II	Leber	96,5	98,9
AdipoR1	Leber	92,3	98,7
AdipoR2	Leber	92,4	99,1
IL6	Leber	90,4	99,1
LRP10	Fett	105,7	99,3
Pol II	Fett	95,6	99,2
GAPDH	Fett	88,7	99,5
Adiponectin	Fett	96,7	98,9
AdipoR1	Fett	99,3	99,1
AdipoR2	Fett	99,2	99,7

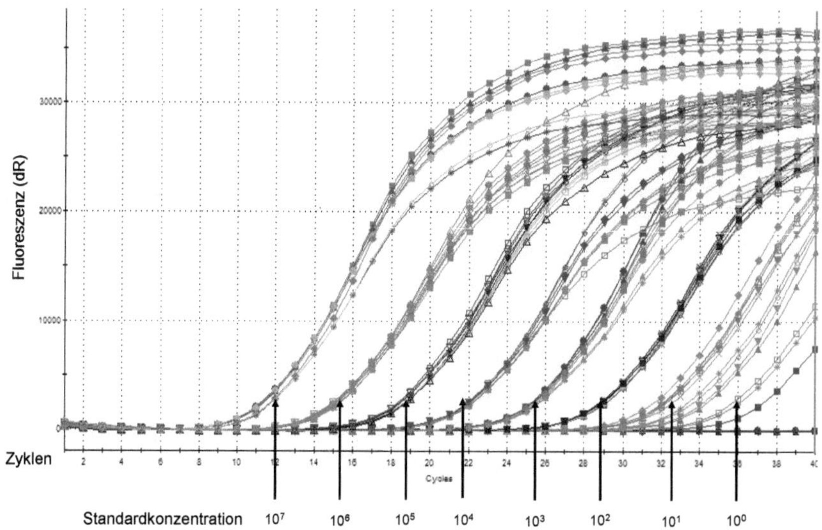

Abbildung 13: Exemplarische Darstellung einer EIF3K-Amplifikationskurve der PCR-Produktstandards

Die mit Pfeilen markierten PCR-Produkt-Standards sind dargestellt im Bezug der Zyklen (X-Achse) zur gemessenen Fluoreszenz (Y-Achse)

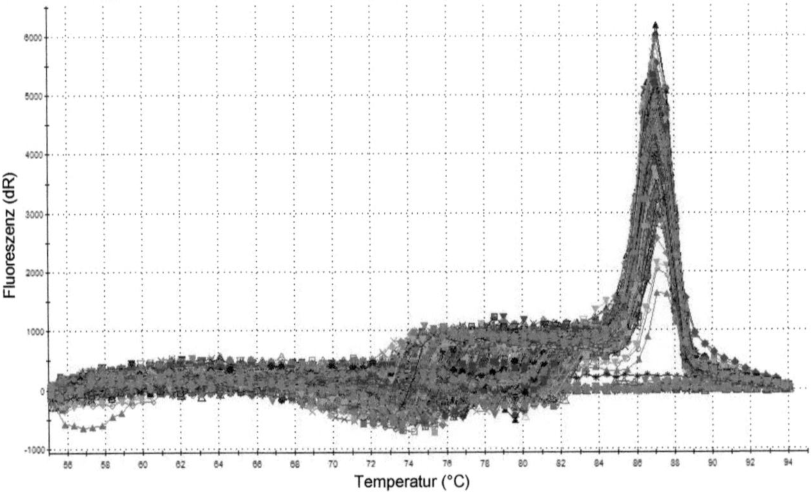

Abbildung 14: Exemplarische Darstellung der EIF3K-Dissoziationskurve der PCR-Produkt-Standards und der gemessenen Proben und Kontrollen. Die Standards und gemessenen Proben zeigen einen deutlichen Dissoziationspeak in der Schmelzkurve bei der für das jeweilige PCR-Produkt spezifischen Schmelztemperatur. Das vor dem Dissoziationspeak innerhalb der Kurve im Bereich von 74-84°C erkennbare Plateau ist, wie Tests unserer Arbeitsgruppe ergaben, bedingt durch die verwendeten Kunststoffmaterialien.

3.2 Quantifizierung der mRNA der Zielgene

Die hier dargestellten Ergebnisse beschreiben den Einfluss einer langfristigen Supplementation (182 Tage) konjugierter Linolsäuren auf die mRNA-Expression des Adiponectin-Systems in Leber- und s.c. Fettgewebe und des IL6 in Lebergewebe. Des weiteren stellen sie zeitbezogene Veränderungen der Expression der genannten Gene in den verschiedenen Stadien einer kompletten Laktation inklusive des Zeitraumes 3 Wochen a.p. dar. Aufgrund technischer Gegebenheiten variiert die Anzahl der Proben pro Gruppe und Probennahme zwischen sieben und elf. Die exakten n-Zahlen sind in den Tabellen 6 bis 11 im Anhang angegeben.

Im vorliegenden experimentellen Design hatte die Supplementation von CLA keinerlei Einfluss auf die Expression der untersuchten Gene, wie in Abbildungen 21, 22, 23, 24, 25 und 26 im Anhang dargestellt. Für die weiteren Analysen zeitbezogener Veränderungen der Expression der Zielgene wurden die Daten der Kontroll- und der Fütterungsgruppe zusammengefasst (siehe Abbildungen 15, 16, 17, 18, 19 und 20). In den Abbildungen sind jeweils Mittelwerte ± SEM gezeigt, unterschiedliche Buchstaben (a,b,c) markieren signifikante ($p \leq 0{,}05$) Unterschiede. In den Tabellen 6 bis 11 im Anhang sind die relative mRNA-Mengen je Gen und Gewebe für jeden Probennahmezeitpunkt angegeben.

Zeitbezogene Unterschiede waren für alle Zielgene nachweisbar. In Tabelle 12 im Anhang sind die entsprechenden p-Werte dargestellt.

Die Mengen an mRNA von AdipoR1 und AdipoR2 im subcutanen Fettgewebe korrelierten positiv miteinander ($p < 0{,}001$; $r = 0{,}35$). Auch mit der Menge an Adiponectin mRNA korrelierten die Mengen der mRNA von AdipoR1 ($p = 0{,}008$; $r = 0{,}23$) und AdipoR2 ($p < 0{,}001$; $r = 0{,}35$) im subcutanen Fettgewebe positiv.

Die folgenden Kapitel zeigen die Ergebnisse für die jeweils untersuchten mRNAs.
In den Abbildungen 15-26 wurden Dezimalpunkte anstelle von Dezimalkommata im Vorgriff auf vorzubereitende englischsprachige Publikationen gesetzt.

3.2.1 Adiponectin mRNA in subcutanem Fettgewebe

Die mRNA-Expression von Adiponectin im s.c. Fettgewebe der Milchkühe war durch die CLA-Supplementierung nicht beeinflusst (Abbildung 21 im Anhang).

Ein Unterschied der mRNA-Expression von Adiponectin im s.c. Fettgewebe zeigte sich in der Betrachtung des zeitlichen Verlaufes (Abbildung 15). Der Vergleich der Tage 21 a.p. und 21 p.p. ergab einen Abfall der mRNA-Menge drei Wochen nach der Kalbung. Im weiteren Verlauf steigen die Werte wieder leicht an, an Tag 196 p.p. erfolgt ein erneuten Abfall der mRNA-Menge im Vergleich zu 21 Tage a.p..

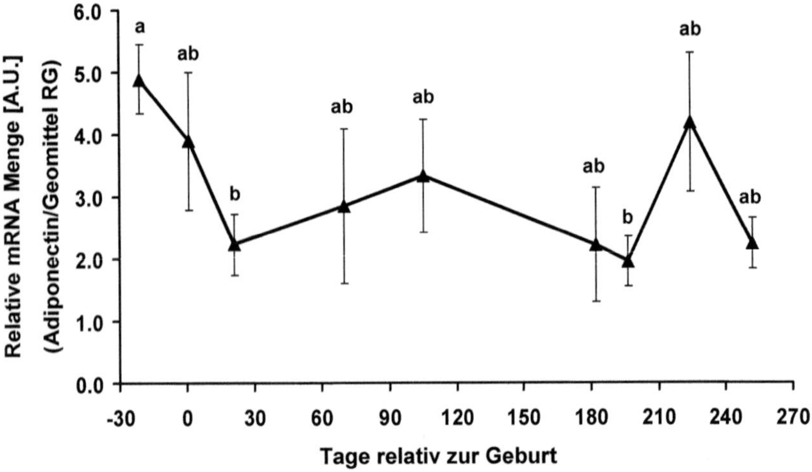

Abbildung 15: Zeitliche Veränderungen der relativen Adiponectin mRNA-Menge in Arbitrary Units [A.U.] im s.c. Fettgewebe von Milchkühen während der späten Trächtigkeit und den folgenden 252 Tagen der Laktation (Mittelwerte ± SEM)

Geomittel: geometrisches Mittel, RG: Referenzgene

Zeit: p = 0,006; unterschiedliche Buchstaben bezeichnen Unterschiede zwischen den Zeitpunkten

3.2.2 Adiponectinrezeptor 1 mRNA in subcutanem Fettgewebe

Die mRNA-Expression von AdipoR1 im s.c. Fettgewebe der Milchkühe war durch die CLA-Supplementierung nicht beeinflusst (Abbildung 22 im Anhang).

Ein Unterschied der mRNA-Expression von AdipoR1 im s.c. Fettgewebe zeigte sich in der Betrachtung des zeitlichen Verlaufes (Abbildung 16). Der Vergleich der Tage 21 a.p. gegenüber 21 p.p. ergab einen Abfall der mRNA-Menge drei Wochen nach der Kalbung. In der späten Laktation, an den Tagen 182 p.p. und 252 p.p. war ein erneuter Anstieg der mRNA-Menge von AdipoR1 gegenüber Tag 21 p.p. nachweisbar.

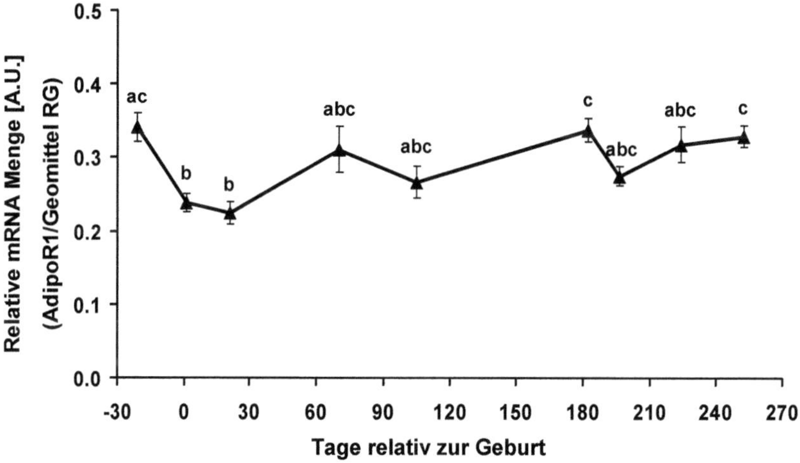

Abbildung 16: Zeitliche Veränderungen der relativen AdipoR1 mRNA-Menge in Arbitrary Units [A.U.] im s.c. Fettgewebe von Milchkühen während der späten Trächtigkeit und den folgenden 252 Tagen der Laktation

(Mittelwerte ± SEM)

Geomittel: geometrisches Mittel, RG: Referenzgene

Zeit: $p < 0,001$; unterschiedliche Buchstaben bezeichnen Unterschiede zwischen den Zeitpunkten

3.2.3 Adiponectinrezeptor 2 mRNA in subcutanem Fettgewebe

Die mRNA-Expression von AdipoR2 im s.c. Fettgewebe der Milchkühe war durch die CLA-Supplementierung nicht beeinflusst (Abbildung 23 im Anhang).
Ein Unterschied der mRNA-Expression von AdipoR2 im s.c. Fettgewebe zeigte sich in der Betrachtung des zeitlichen Verlaufes (Abbildung 17). Der Vergleich der Tage 21 a.p. und 21 p.p. ergab einen Abfall der mRNA-Menge drei Wochen nach der Kalbung. Im weiteren Verlauf der Laktation erfolgte ein erneuter leichter Anstieg der mRNA-Menge mit nur geringen Veränderungen bis Tag 252 p.p..

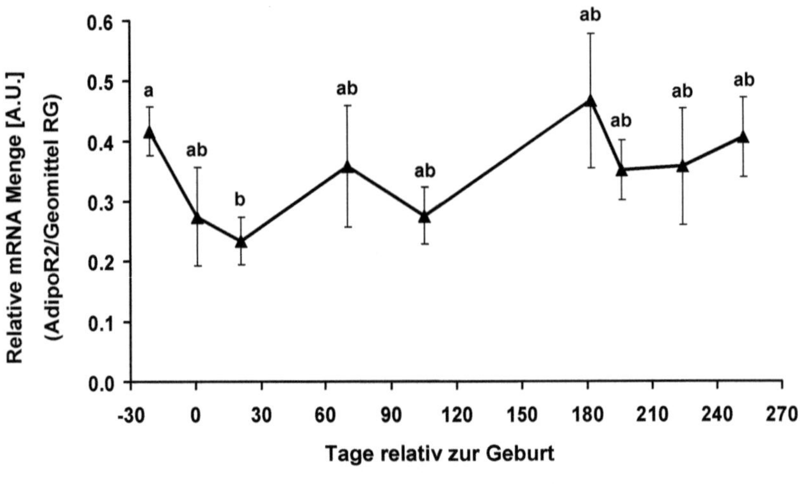

Abbildung 17: Zeitliche Veränderungen der relativen AdipoR2 mRNA-Menge in Arbitrary Units [A.U.] im s.c. Fettgewebe von Milchkühen während der späten Trächtigkeit und den folgenden 252 Tagen der Laktation (Mittelwerte ± SEM)
Geomittel: geometrisches Mittel, RG: Referenzgene
Zeit: $p = 0{,}003$; unterschiedliche Buchstaben bezeichnen Unterschiede zwischen den Zeitpunkten

3.2.4 Adiponectinrezeptor 1 mRNA in Lebergewebe

Die mRNA-Expression von AdipoR1 im Lebergewebe der Milchkühe war durch die CLA-Supplementierung nicht beeinflusst (Abbildung 24 im Anhang).
Ein Unterschied der mRNA-Expression von AdipoR1 im s.c. Lebergewebe zeigte sich in der Betrachtung des zeitlichen Verlaufes (Abbildung 18). In der etablierten Laktation, an den Tagen 105 p.p. und 196 p.p., war eine höhere mRNA-Menge von AdipoR1 im Lebergewebe nachweisbar als in der frühen Laktation (Tag 21 p.p.) und vorgeburtlich (Tag 21 a.p.). An Tag 224 p.p. war die mRNA-Expression von AdipoR1 im Lebergewebe höher als an Tag 21 a.p..

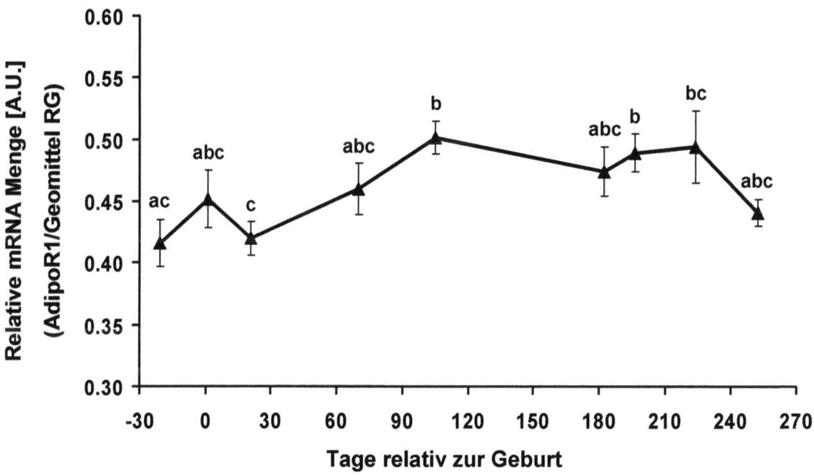

Abbildung 18: Zeitliche Veränderungen der relativen AdipoR1 mRNA-Menge in Arbitrary Units [A.U.] im Lebergewebe von Milchkühen während der späten Trächtigkeit und den folgenden 252 Tagen der Laktation (Mittelwerte ± SEM)
Geomittel: geometrisches Mittel, RG: Referenzgene
Zeit: $p < 0,001$; unterschiedliche Buchstaben bezeichnen Unterschiede zwischen den Zeitpunkten

3.2.5 Adiponectinrezeptor 2 mRNA in Lebergewebe

Die mRNA-Expression von AdipoR2 im Lebergewebe der Milchkühe war durch die CLA-Supplementierung nicht beeinflusst (Abbildung 25 im Anhang).

Ein Unterschied der mRNA-Expression von AdipoR2 im Lebergewebe zeigte sich in der Betrachtung des zeitlichen Verlaufes (Abbildung 19). Die mRNA-Expression von AdipoR2 im Lebergewebe stieg an Tag 21 p.p. im Vergleich zu Tag 21 a.p. an und fiel dann im weiteren Verlauf der Laktation ab Tag 70 p.p. im Vergleich zu 21 p.p. wieder ab.

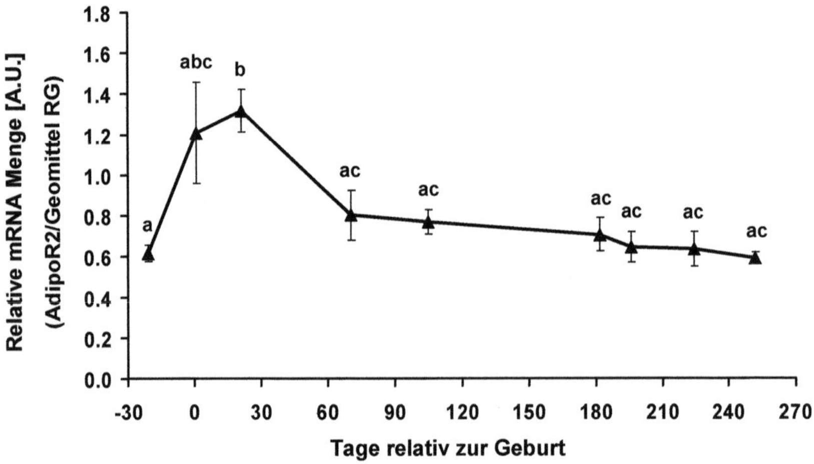

Abbildung 19: Zeitliche Veränderungen der relativen AdipoR2 mRNA-Menge in Arbitrary Units [A.U.] im Lebergewebe von Milchkühen während der späten Trächtigkeit und den folgenden 252 Tagen der Laktation (Mittelwerte ± SEM)
Geomittel: geometrisches Mittel, RG: Referenzgene
Zeit: $p < 0{,}001$; unterschiedliche Buchstaben bezeichnen Unterschiede zwischen den Zeitpunkten

3.2.6 Interleukin 6 mRNA in Lebergewebe

Die mRNA-Expression von IL6 im Lebergewebe der Milchkühe war durch die CLA-Supplementierung nicht beeinflusst (Abbildung 26 im Anhang).

Ein Unterschied der mRNA-Expression von IL6 im Lebergewebe zeigte sich in der Betrachtung des zeitlichen Verlaufes (Abbildung 20). Die mRNA-Expression von IL6 im Lebergewebe zeigt einen Abfall in der frühen Laktation gegenüber der vorgeburtlich gemessenen mRNA-Menge (Vergleich der Tage 21 a.p. und 21 p.p.). Im weiteren Verlauf der Laktation erfolgt ein erneuter leichter Anstieg der mRNA-Menge mit nahezu gleichbleibenden Werten bis zum Tag 252 p.p..

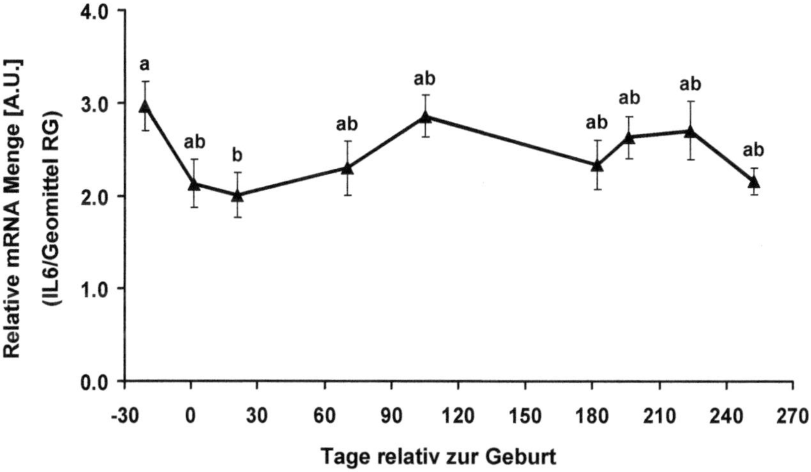

Abbildung 20: Zeitliche Veränderungen der relativen IL6 mRNA-Menge in Arbitrary Units [A.U.] im Lebergewebe von Milchkühen während der späten Trächtigkeit und den folgenden 252 Tagen der Laktation (Mittelwerte ± SEM)
Geomittel: geometrisches Mittel, RG: Referenzgene
Zeit: p < 0,001; unterschiedliche Buchstaben bezeichnen Unterschiede zwischen den Zeitpunkten

4 Diskussion

Die vorliegende Studie hatte zum Ziel, Profile der mRNA-Expression des Adiponectin-Systemes in s.c. Fett und Lebergewebe sowie des IL6 in Lebergewebe zu erstellen, die sowohl den Zeitraum 3 Wochen a.p. als auch den Verlauf der folgenden Laktation bis Tag 252 p.p. beschreiben, um zunächst die physiologischen Gegebenheiten zu charakterisieren. Unterschiede in der mRNA-Expression der genannten Gene werden dargestellt, die aus Veränderungen im Stoffwechsel der Milchkuh resultieren und uns grundlegende Hinweise auf die Rolle der Adipokine im Metabolismus der Milchkuh geben. Eine eventuelle Beeinflussbarkeit der mRNA-Expression der Zielgene durch eine Supplementation von CLA kam als zweiter Aspekt hinzu. Da unseres Wissens nach bisher keine Studien zu Einflüssen einer Gabe von CLA auf die mRNA-Expression des Adiponectin-Systemes und des IL6 bei Wiederkäuern vorhanden sind, ergeben sich auch hier grundlegend neue Erkenntnisse.

4.1 Diskussion der angewendeten Methoden

Bei der qPCR handelt es sich um ein indirektes Verfahren zum Nachweis einer mRNA-Menge. Die Exaktheit einer qPCR hängt sowohl von der Reaktion selbst ab als auch von der RNA-Qualität, die wiederum abhängig ist von der Probenaufbereitung, und der Effizienz der cDNA-Synthese.

4.1.1 Probenaufbereitung und mRNA-Qualität

Entscheidend bei der Behandlung von Gewebeproben für die qPCR ist das Verhindern einer Degradierung der sehr empfindlichen RNA durch zügige Bearbeitung bis zum schützenden Tiefgefrieren auf -80°C, das den enzymatischen Abbau durch RNasen verhindert. Bahar et al. untersuchten 2007 die RNA-Qualität von bovinen s.c. Fettproben und Leberproben, die bei 4°C gelagert wurden. Sie fanden deutliche Qualitätsverluste erst nach 24 Stunden, in Muskelproben sogar erst nach acht Tagen, und bestätigten hiermit Untersuchungen von Fitzpatrick et al. (2002), die an Proben des bovinen Genitaltraktes RNA-Qualitätsverluste nach 24 Stunden feststellten. Trotz dieser relativen Unempfindlichkeit der RNA wurden im vorliegenden Versuch die Bioptate direkt nach der Entnahme in sterile Gefäße verbracht, in flüssigem Stickstoff tiefgefroren und bis zur weiteren Bearbeitung bei -80°C gelagert. Es erfolgte bei den s.c. Fettproben die Homogenisierung unter flüssigem Stickstoff, bei den

Leberproben die Homogenisierung im Precellys® unter TRIzol® Reagens, welches durch Denaturierung der Ribonukleasen die RNA vor enzymatischem Abbau schützt. Die zusätzliche Reinigung der mRNA über eine Silikatmembransäule diente einer verlässlicheren Quantifizierung, da eventuelle Inhibitoren der qPCR wie z.B. Polyphenole effizient entfernt wurden. Diese hätten sich negativ auf die Effizienz der qPCR auswirken können (Bustin & Nolan, 2004; Kubista et al., 2006). Der durchgeführte DNase-Verdau verhinderte in der cDNA-Synthese ein fälschliches Priming an DNA und falsch positive Reaktionen in der qPCR durch DNA-Verunreinigungen. Diese Notwendigkeit bestand, da aus Gründen der höheren Sensitivität in der qPCR nicht ausschließlich Intron-Exon spannende Primer gewählt wurden. Der Erfolg des DNase-Verdaus wurde in den –RT Kontrollen in der qPCR überprüft, welche Kontaminationen mit DNA sichtbar gemacht hätten. Der Gefahr falsch negativer Ergebnisse durch Aktivität der DNase wurde durch Denaturierung des Enzymes bei 95°C entgegengewirkt.

Die erhaltene RNA wurde in der denaturierenden Gelelektrophorese auf ihre Qualität hin geprüft. Eine 28S-Bande, die sich hierbei doppelt so stark darstellt wie die 18S-Bande, deutet auf eine gute RNA-Qualität hin (Ivell 1998). Ferner ist zu beurteilen, ob lediglich die beiden angesprochenen als diskrete Banden auf dem Gel sichtbar werden oder ob weitere Fragmente von RNA erkennbar sind, die auf eine Degradierung der RNA hinweisen (Ivell, 1998; Schoor et al., 2003). Die in diesem Versuch gewonnene RNA kann nach diesen Kriterien als qualitativ hochwertig angesprochen werden. Sie zeigte in der visuellen Prüfung durchgehend ein Verhältnis der 28S- zur 18S-Bande von annähernd zwei zu eins und nur wenige Fragmente zwischen diesen Banden bzw. unterhalb der 18S-Bande sowie ein Verhältnis der optischen Dichten, gemessen bei Wellenlängen von 260nm und 280nm, von größer 1,8. Auch bei gleich starken 28S- und 18S-Banden liegen nach Einschätzung verschiedener Autoren (Chomczynski & Sacchi, 1987; McKenna et al., 2000) lediglich eine mäßige Degradierung der RNA und eine immer noch gute Qualität vor. Bustin et al. (2009) fordern in den MIQE-(Minimum information for publication of quantitative real-time PCR experiments) Leitlinien eine standardisierte Kontrolle der RNA-Integrität über eine automatisierte Kapillarelektrophorese, die in der vorliegenden Untersuchung nicht durchgeführt wurde. Der Problematik der potentiellen RNA-Degradierung wurde jedoch in der Probennahme und –bearbeitung in der beschriebenen Weise Rechnung getragen. Des weiteren erfolgte, wie ebenfalls in den MIQE Leitlinien gefordert, zur weiteren Kontrolle der Verlässlichkeit der Ergebnisse der Genexpressionanalysen eine Normalisierung über drei Referenzgene je Gewebe. Exemplarisch wurden in unserer Arbeitsgruppe RNA-Proben, die in der hier beschriebenen Weise extrahiert und gereinigt wurden, in der Kapillarelektrophorese in einem Bioanalyzer® (Agilent) überprüft (unveröffentlichte Ergebnisse, Saremi, 2010). Sie erzielten für s.c. Fettgewebe von der Schwanzwurzel einen RIN-Faktor von 7,3 und für Lebergewebe von 7,7, was einer qualitativ hochwertigen RNA entspricht (Fleige & Pfaffl, 2006). Jene Proben hatten zuvor in der gelelektrophoretischen Darstellung ein vergleichbares Bild ergeben wie die in dieser Studie genutzten Proben.

4.1.2 Reverse Transkription

Der wichtige Schritt der Reversen Transkription, bei der anhand der RNA die komplementäre einzelsträgige DNA synthetisiert wird, ist äußerst anfällig für Variationen. Die Effizienz der cDNA-Synthese hängt vom genutzten Enzym und den verwendeten Primern ab. Die Menge der synthetisierten cDNA sollte der Menge der eingesetzten RNA entsprechen, was eine konstante Effizienz von 100% voraussetzen würde, wovon jedoch nicht auszugehen ist (Stahlberg et al., 2004a und 2004b). Die in dieser Studie verwendete Reverse Transkriptase M-MuLV (Molony Murine Leukemia Virus) weist bis zu 50-fach höhere Syntheseraten als AMV (Avian Myeloblastosis Virus) Reverse Transkriptase auf (Stahlberg et al., 2004a und 2004b). In der vorliegenden Studie wurde das Priming mit Random Hexamer Primern genutzt, die nicht genspezifisch RNA binden und somit effizienter arbeiten als poly-T-Primer und gen-spezifische Primer (Kubista et al., 2006), da auch fragmentierte Sequenzen der RNA umgeschrieben werden. Allerdings besteht beim Priming mit Random Hexamer Primern die Gefahr, dass bei der Quantifizierung die ursprüngliche mRNA-Menge zu hoch eingeschätzt wird (Zhang & Byrne, 1999).

4.1.3 qPCR und Auswertung

Die indirekte Ermittlung der Anzahl der Transkripte in einer Probe anhand einer Verdünnungsreihe eines spezifischen gereinigten PCR-Produktes wird von Schmittgen et al. (2000) und Ovstebo et al. (2003) beschrieben. Hierbei wird über die logarithmische

Darstellung der Standardverdünnungsreihe mit dem C_t als Funktion der Kopienzahl die Effizienz der Reaktion näherungsweise berechnet. Die Effizienzen aller PCR-Läufe lagen bei 100 % ± 15. Diese Methode der Effizienzberechnung ist geeignet, kann aber die Gefahr bergen, die Effizienzen zu überschätzen (Kubista et al., 2006). Das Bestimmtheitsmaß (R^2) gibt die Linearität der Messung direkt an. In allen Messungen der vorliegenden Studie war die Linearität über alle Konzentrationsstufen (10^0 bis 10^7) gegeben ($R^2 > 0{,}98$).
Der hier gewählte Weg, die Interassayvarianz innerhalb einer multiplen Analyse mehrerer qPCR-Läufe eines Genes über einen "interrun calibrator" zu kontrollieren, gilt als der zuverlässigste (Hellemans et al., 2007). Hierbei wird der "Threshold" so festgelegt, dass der durchschnittliche C_t-Wert des "interrun calibrators" auf allen Platten gleich ist.

Bei der relativen Quantifizierung wird die Expression des Zielgenes über die eines, besser aber mehrerer nicht regulierter, ubiquitär exprimierter Referenzgene normalisiert (Vandesompele et al., 2002). Dies dient der Reduzierung der Varianz der Expressionsergebnisse. Eventuell auftretende Matrix- oder Gewebeeffekte sowie Unterschiede in der Effizienz der Reversen Transkription betreffen dann Ziel- und Referenzgen gleichermaßen (Fleige & Pfaffl, 2006) und heben sich so in der weiteren Berechnung von Expressionsunterschieden wieder auf. Bei der in dieser Studie genutzten Quantifizierung über eine PCR-Produkt-Standardkurve mit bekannten Molekülzahlen je Verdünnungsstufe handelt es sich formal um eine Methode der absoluten Quantifizierung. Da jedoch die Effizienzen der cDNA-Synthesen nicht erfasst sind und eine Normalisierung über Referenzgene erfolgen sollte, wurden die gemessenen Mengen mRNA relativ in Arbitrary Units (A.U.) angegeben.
Die Ermittlung der jeweils drei am stabilsten exprimierten Referenzgene aus einem Set von sieben je Gewebe folgt den Vorgaben der MIQE Leitlinien (Bustin et al., 2009). Die Sequenzen aller Primer der Referenzgene wurden der Literatur entnommen. Die Gene EMD, MARVELD1 und EIF3K wurden zuvor bereits im Zusammenhang mit einer CLA-Supplementation als geeignete Referenzgene, allerdings für bovines Milchdrüsengewebe, beschrieben (Kadegowda et al., 2009). LRP10, GAPDH, HPCAL1 und Pol II beschrieben Hosseini et al. (2010) als geeignete Referenzgene für bovines s.c. Fettgewebe. Zur Auswahl der drei am stabilsten exprimierten Referenzgene je Gewebe wurde das Programm geNorm®

herangezogen (Vandesompele et al., 2002). Im s.c. Fettgewebe erreichten die drei ausgewählten Referenzgene bei einem Wert V von 0,117 M-Werte von 0,409 (Pol II), 0,432 (LRP10) und 0,457 (GAPDH). Im Lebergewebe lagen bei einem Wert V von 0,0534 die M-Werte bei 0,199 (LRP10), 0,208 (EIF3K) und 0,229 (Pol II). Somit wurden die vorgeschlagenen Grenzwerte für den Instabilitätsfaktors M von $\leq$ 1,5 und für den Wert V $\leq$ 0,15 weit unterschritten, die gewählten Referenzgene zeichnen sich also durch große Stabilität in der Expression aus.

Die Ergebnisse der vorliegenden qPCR Messungen sind dementsprechend als valide anzusehen, die detektierten Unterschiede als biologisch relevant einzuschätzen.

4.2 Diskussion der Ergebnisse der mRNA-Expressionsanalysen

4.2.1 Profile der mRNA-Expression des Adiponectin-Systems in s.c. Fettgewebe und Lebergewebe von Milchkühen über den Zeitraum einer Laktation

Bei der vorliegenden Studie handelt es sich, wie die Literaturrecherche ergab, um die ersten Untersuchungen der mRNA-Expression des Adiponectin-Systems in s.c. Fettgewebe und Lebergewebe bei Milchkühen, die sowohl den Zeitraum 3 Wochen a.p. als auch den Verlauf einer kompletten Laktation umfassen. Es wurde ein Abfall der mRNA-Expression von Adiponectin im s.c. Fettgewebe an Tag 21 p.p. im Vergleich zu Tag 21 a.p. beobachtet. Lemor et al. (2009) beschrieben eine innerhalb der TP unveränderte Expression von Adiponectin im s.c. Fett, wobei die vorgeburtliche Biopsie an Tag 13-2 a.p. erfolgte und somit näher am Geburtstermin lag als in der vorliegenden Studie und die Entnahmestelle der Biopsie weiter cranial und lateral lokalisiert war. Auch war die der genannten Studie zugrunde liegende Tierzahl mit zehn Tieren geringer. Combs et al. (2003) beschrieben bei Mäusen erniedrigte Serum-Spiegel von Adiponectin während der letzten Drittels der Trächtigkeit und während der Laktation im Vergleich zu den vor und zu Beginn einer Gestation ermittelten Werten. Auch beim Menschen sind erniedrigte Adiponectin-Werte im Serum und eine verminderte mRNA-Expression von Adiponectin im Fettgewebe während des letzten Trimesters einer Schwangerschaft beschrieben und mit einer reduzierten Insulinsensitivität in dieser Periode in Zusammenhang gebracht worden (Catalano et al., 2006). Auch 48 Tage p.p. wurden bei Frauen niedrigere Adiponectinwerte im Serum gefunden als zu Beginn der Schwangerschaft (Fuglsang et al., 2006). Veränderte Serumwerte der Adipokine wurden auch mit pathophysiologischen Zuständen innerhalb einer Schwangerschaft in Zusammenhang gebracht. Frauen, die an einem Schwangerschaftsdiabetes leiden, zeigen erhöhte Leptinwerte im Serum (Kautzky-Willer et al., 2001), während die Adiponectinwerte im Serum im Vergleich zu denen gesunder Schwangerer erniedrigt sind (Thyfault et al., 2005; Worda et al., 2004). Die Datenlage bezüglich einer Regulation von Adiponectin während einer Gestation und im peripartalen Zeitraum ist heterogen: Bei Frauen ist einerseits ein postpartaler Abfall des Adiponectins im Serum beschrieben (Fuglsang et al., 2010; Mazaki-Tovi et al., 2007). Josephs et al. (2007) zeigten andererseits, dass bei Ratten weder die mRNA-Expression von Adiponectin im Fettgewebe noch die Serumwerte von Adiponectin während einer Trächtigkeit verändert sind. Komatsu et al. (2007) beschreiben eine höhere mRNA-Expression von Adiponectin, Leptin und PPARγ im Fettgewebe bei nicht laktierenden Kühen im Vergleich zu hochlaktierenden Kühen. Diese Ergebnisse deuten ebenso wie auch die der vorliegenden Studie darauf hin, dass Adiponectin eine Rolle bei der Entstehung der postpartal verminderten Insulinsensitivität des Fettgewebes spielt. Auch die hepatische Insulinsensitivität wird herabgesetzt durch einen verminderten Adiponectin-Spiegel im Serum (Trujillo & Scherer, 2005). Eine gesteigerte Gluconeogenese in der Leber ist eine Hauptkomponente der verringerten Insulinsensitivität innerhalb der Laktation (Berg et al., 2001), die durch das Vorhandensein von weniger Adiponectin weiter gefördert werden könnte.

Allerdings lässt sich nicht ohne Weiteres von der mRNA-Menge von Adiponectin im s.c. Fettgewebe auf die zirkulierende Menge von Adiponectin im Serum schließen (Bryzgalova et al., 2008; Combs et al., 2003). Messungen von Adiponectin in Serumproben der Kühe aus dieser Studie sollten zukünftig erfolgen, um die korrespondieren Proteinwerte bei der weiteren Interpretation der Ergebnisse hinzuziehen zu können.

Die Ergebnisse der Untersuchungen der mRNA-Expression der Adiponectin-Rezeptoren in der vorliegenden Studie weisen in dieselbe Richtung wie die des Liganden, des Adiponectins. Die Menge beider Adiponectin-Rezeptoren im s.c. Fettgewebe war an Tag 21 p.p. niedriger als an Tag 21 a.p. Adiponectin und die Adiponectin-Rezeptoren sind mit der Verbesserung der Insulinsensitivität des Fettgewebes eng verbunden (Yamauchi et al., 2002). Eine

niedrigere Expression der mRNA der Adiponectin-Rezeptoren könnte in Zusammenhang stehen mit einer reduzierten Insulinsensitivität des s.c. Fettgewebes. Diese wiederum ermöglicht die Utilisation eines großen Teiles der zirkulierenden Glukose durch das laktierende Euter und somit die Produktion großer Milchmengen. Auch Lemor et al. (2009) beobachteten diesen postpartalen Abfall der mRNA-Menge der Adiponectin-Rezeptoren in s.c. Fettgewebe bei laktierenden Milchkühen. Der erneute Anstieg der mRNA-Menge von AdipoR1 in s.c. Fettgewebe im weiteren Verlauf der Laktation (Tag 182 p.p. und 252 p.p. im Vergleich zu Tag 21 p.p.) könnte auf eine Verbesserung der Sensitivität des s.c. Fettgewebes gegenüber Adiponectin und somit auch Insulin nach der Hochlaktation hinweisen. Dieser Anstieg der mRNA Expression von AdipoR1 im s.c. Fettgewebe der Milchkuh in der späten Laktation ist unseres Wissens nach zuvor nicht beschrieben worden.
Bauer et al. (2010) zeigten, dass in humanem visceralem Fettgewebe AdipoR2 niedriger exprimiert ist als in s.c. Fettgewebe und dass bei Ratten sowohl AdipoR1 als auch AdipoR2 in visceralem Fettgewebe niedriger exprimiert sind als in subcutanem. Bei diabetischen Ratten in dieser Studie war das AdipoR2-Protein, nicht aber dessen mRNA-Menge, sowohl in s.c. als auch in visceralem Fettgewebe erniedrigt im Vergleich zu Kontrolltieren mit physiologischem Glukosestoffwechsel. AdipoR1 zeigte bei diabetischen Tieren eine erhöhte mRNA-Expression, aber einen erniedrigten Proteinwert in subcutanem Fettgewebe gegenüber den Kontrolltieren. Diese Daten zeigen deutlich, dass es sich als Schwierigkeit darstellt, anhand von Messungen der mRNA-Mengen eine Aussage über die vorliegenden Proteinwerte zu machen, und dass auch für die Adiponectin-Rezeptoren zukünftig eine Proteinmessung an den Proben der vorliegenden Studie wünschenswert wäre. Des Weiteren geben die Ergebnisse von Bauer et al. (2010) einen wichtigen Hinweis auf einen Zusammenhang zwischen der Reduktion der Adiponectin-Rezeptoren in Fettgewebe und verminderter Insulinsensitivität. Auch Blüher et al. (2007) zeigten, dass beim Menschen die mRNA-Expression von AdipoR2 sowohl in subcutanem als auch in viszeralem Fettgewebe erniedrigt ist, wenn die Insulinsensitivität vermindert ist.

Die mRNA-Menge von AdipoR1 im Lebergewebe der Milchkühe ist in der vorliegenden Studie an Tag 105 p.p. und 196 p.p. höher als an Tag 21 a.p. und 21 p.p. und an Tag 224 p.p. höher als an Tag 21 a.p.. Sie steigt also im Verlauf der etablierten Laktation im Vergleich zur

TP an. Die mRNA-Menge von AdipoR2 im Lebergewebe der Milchkühe hingegen steigt an Tag 21 p.p. im Vergleich zu Tag 21 a.p. an, um dann an Tag 70 p.p. im Vergleich zu 21 p.p. wieder abzufallen. Auch bei Loor et al. (2006) ist dieser Anstieg der mRNA-Expression von AdipoR2 im Lebergewebe 14 Tage p.p. beschrieben, allerdings bei in der Phase des Trockenstehens restriktiv (80% des Bedarfs) gefütterten Kühen.

Bei Mäusen ist eine Regulation der mRNA-Expression von AdipoR1 und AdipoR2 sowohl in Muskel- als auch in Lebergewebe beschrieben, die invers ist zur Regulation des Plasma-Insulin-Spiegel (Tsuchida et al., 2004). Bei Menschen mit nichtalkoholischer Leberverfettung ist die Expression beider Adiponectin-Rezeptoren im Lebergewebe erniedrigt (Nannipieri et al., 2007). Matsunami et al. (2010) zeigten auch bei Ratten mit einer nichtalkoholischen Fettleber, dass die mRNA-Expression von AdipoR1 und AdipoR2 niedriger war als bei den Kontrolltieren. Hieraus resultierend war auch die mRNA-Expression sowohl der AMPK, die die Synthese von Fettsäuren inhibiert, herunterreguliert als auch die des PPARα, der die Oxidation der Fettsäuren aktiviert. Eine Untersuchung der mRNA-Expression dieser Gene und auch der zugehörigen Proteine wäre sicherlich für die Proben der vorliegenden Studie ebenfalls interessant, um eventuelle Auswirkungen der veränderten mRNA-Expression der Adiponectin-Rezeptoren auf den Leberstoffwechsel der Kuh erkennbar werden zu lassen. Die Prävalenzen einer hepatischen Steatose in der Peripartalphase können bei Milchkühen bei über 50 % liegen (Jorritsma et al., 2001). Durch das Vorliegen einer negativen Energiebilanz kommt es zur Lipomobilisation, in großen Mengen freiwerdende NEFAs werden aus dem Blut von der Leber aufgenommen. Sie werden dort als Triglyceride gespeichert, da beim Wiederkäuer im Vergleich zum Monogastrier die Kapazität des Exportes via "very-low-density lipoproteins" (VLDL) nur in geringem Umfang möglich ist (Pullen, 1989). Ursächlich hierfür scheint zu sein, dass es sich bei bovinen VLDL-Phospholipiden vor allem um Phosphatidylcholine handelt und dass diese nur in unzulänglichem Maße synthetisiert werden können (Fast & Vance, 1995). Die Möglichkeit, die NEFA über die Oxidierung im Citratzyklus zu metabolisieren, ist ebenfalls begrenzt, da hierfür benötigtes Oxalacetat vornehmlich zur Gluconeogenese genutzt wird. Dies resultiert in einer Akkumulation von Acetyl-CoA und somit einer gesteigerten Ketogenese.

Eine hepatische Steatose kann die Leberfunktion stören und zu geringerer Produktivität, Futteraufnahme und Reproduktionsleistung führen (Herdt, 1988). Diese Problematik wird durch die gleichzeitig entstehende Ketose in vielen Fällen weiter verkompliziert.
Zusammenfassend lässt sich sagen, dass sowohl die Daten der vorliegenden Studie als auch die der Literatur entnommenen darauf hinweisen, dass die Regulation der mRNA-Expression der Adiponectin-Rezeptoren in Fettgewebe invers ist zu der in Lebergewebe. Dies könnte in Zusammenhang stehen mit der verminderten Insulinsensitivität des Fettgewebes, welche zu einer verminderten Glukoseaufnahme und erhöhten Lipolyse führt. In der Leber könnte die erhöhte mRNA-Expression von AdipoR2 in der TP die Oxidation von Fettsäuren, stimuliert durch PPAR α, verbessern.

4.2.2 Profile der mRNA-Expression des IL6 im Lebergewebe von Milchkühen über den Zeitraum einer Laktation

Bei der vorliegenden Studie handelt es sich um die erste Beschreibung des Profiles der mRNA-Expression von IL6 im Lebergewebe von Milchkühen, das sowohl den Zeitraum der TP als auch den Verlauf einer kompletten Laktation umfasst. Die Ergebnisse der vorliegenden Studie ergaben, dass die mRNA-Menge von IL6 im Lebergewebe an Tag 21 a.p. höher ist als an Tag 21 p.p, die mRNA-Expression von IL6 im Lebergewebe von Milchkühen also postpartal herunterreguliert wird.
Bisher wurde die Expression von IL6 in bovinem s.c. Fettgewebe und visceralem Fettgewebe (Mukesh et al., 2010) und auch in bovinem Lebergewebe (Vels et al., 2009) nachgewiesen. Sowohl in den Fettgeweben *in vitro* (Mukesh et al., 2010) als auch im Lebergewebe *in vivo* (Vels et al., 2009) konnte eine Induktion der Expression von IL6 durch Stimulation mit bakteriellem Lipopolysaccharid herbeigeführt werden. Loor et al. (2007) zeigten an Leberbioptaten von Kühen, dass das Vorhandensein einer klinischen Ketose an Tag 14 p.p. einen dreifachen Anstieg der Expression von IL6 in der Leber gegenüber Kontrolltieren ohne Ketose hervorruft. Netzwerkanalysen in der Arbeit von Loor et al. (2007) weisen darauf hin, dass IL6 bei der Kuh eine zentrale Rolle in verschiedensten leberspezifischen Funktionen wie z.B dem Lipoproteinmetabolismus, der Oxidation von Fettsäuren und dem Harnstoffzyklus zukommt. Somit könnte IL6 direkt mit Mechanismen im Zusammenhang stehen, die zur Entwicklung einer Ketose, einer Fettleber und nicht zuletzt einer verminderten

Insulinsensitivität entscheidend sind und insgesamt eine Beeinträchtigung einer physiologischen Leberfunktion darstellen. Hierbei bleibt ungeklärt, ob der Anstieg der Expression von IL6 durch Ketose und Fettleber induziert ist oder umgekehrt oder ob der Anstieg lediglich eine generalisierte Antwort der Hepatocyten und Zellen des Immunsystemes in der Leber auf die Störungen der biologischen Homöostase darstellt.

Vels et al. (2009) zeigten, dass eine wiederholte Entnahme von Leberbioptaten mit einer minimalinvasiven Technik, wie sie auch in der vorliegenden Studie genutzt wurde, keinen Einfluss auf die mRNA-Expression von IL6 im Lebergewebe von Milchkühen hat, wie auch Produktionsdaten und die Akut-Phase-Reaktion durch die Biopsien unbeeinflusst blieben. Eine durch bakterielles Lipopolysaccharid induzierte Mastitis hingegen erhöhte in dieser Studie die mRNA-Expression von IL6 im Lebergewebe der Milchkühe auf das bis zu 75fache des Ausgangswertes.

Bei Mutterschafen zeigten Caroprese et al. (2006), dass der IL6-Spiegel im Serum zum Zeitpunkt der Geburt höher ist als 21 Tage a.p. und 35 Tage p.p. und dass er mit der Zahl der geborene Lämmer steigt. Neben denen der vorliegenden Studie existieren meine Wissens nach keine Daten, die IL6 auf Ebene der mRNA beim Wiederkäuer in der TP und Laktation charakterisieren.

4.2.3 Einfluss einer Supplementierung von CLA (Tag 1-182 p.p.) auf die mRNA-Menge des Adiponectinsystems in s.c. Fettgewebe und Lebergewebe und des IL6 in Lebergewebe von Milchkühen

Bei der vorliegenden Studie handelt es sich um die ersten Untersuchungen des Einflusses einer langfristigen Supplementation (Tag 1-182 p.p.) eines CLA-Isomerengemisches auf die mRNA-Expression des Adiponectinsystems in s.c. Fettgewebe und Lebergewebe und des IL6 in Lebergewebe von Milchkühen. Unter den untersuchten Bedingungen hatte die Supplementation von CLA keinen Einfluss auf die mRNA-Menge der genannten Gene.

Die Fettsäureanalytik, die im Rahmen des Projektes am Institut für Ernährungsphysiologie der Friedrich Schiller Universität Jena durchgeführt wurde, ergab weder im s.c. Fettgewebe noch im Lebergewebe Unterschiede zwischen Fütterungs- und Kontrollgruppe in der Zusammensetzung und Menge der Fettsäuren (Kramer et al., 2010). Es bleibt somit fraglich, ob in den einzelnen Geweben für etwaige Effekte ausreichende Konzentrationen der CLA-

Isomere erreicht werden konnten. Im Rahmen des Projektes konnte ein eventuell vorhandener ruminaler Metabolismus der eigentlich pansengeschützten CLA nicht untersucht werden. Ebenfalls unklar bleibt, ob die Muster der eingesetzten CLA durch den Vormagenstoffwechsel verändert werden, oder ob sie ihrerseits die ruminalen Stoffwechselleistungen beeinflussen.

Im Rahmen des Projektes, das der vorliegenden Studie zugrunde liegt, erfolgten am Friedrich-Loeffler-Institut, Bundesforschungsinstitut für Tiergesundheit in Braunschweig, auch Untersuchungen der Zusammensetzung der Milch. In diesem Zusammenhang zeigten sich Effekte der CLA-Supplementierung: Es wurde in der etablierten Laktation (Woche 8 bis 26) eine Senkung des Milchfettgehaltes von 4,14 % in der Kontrollgruppe auf 3,81 % in der mit 100 g CLA supplementierten Gruppe nachgewiesen (Pappritz et al., 2010). Die Daten weisen darauf hin, dass die CLA-Supplementation weniger die Lipomobilisation in der TP als die *de novo* Fettsynthese in der etablierten Laktation und darüber den Milchfettgehalt beeinflusst. Die Tiere der Fütterungsgruppe zeigten in der zweiten Laktationswoche ein Energiedefizit von im Mittel -24 bis -26 MJ NEL pro Tag, die Energiebilanz der Tiere der Kontrollgruppe war während des gesamten Untersuchungszeitraumes positiv mit im Mittel 3 MJ NEL pro Tag. Ursächlich hierfür war unter anderem die in der CLA-Fütterungsgruppe deutlich verringerte Futteraufnahme (Pappritz et al., 2010).

Eine weitere entscheidende Ursache dafür, dass keine Effekte der CLA-Supplementierung auf die mRNA-Mengen der hier untersuchten Zielgene nachweisbar waren, könnte die Tatsache sein, dass ein Isomerengemisch supplementiert wurde und nicht einzelne CLA-Isomere. Dies spiegelt die zurzeit gängige Praxis in der Supplementierung von Milchkühen mit CLA wider. Viele der Effekte von CLA, auch auf den Lipidmetabolismus, sind jedoch isomerspezifisch (Evans et al., 2002). So beschreiben Lenghi und Corl (2010), dass t10,c12-CLA *in vitro* die Differenzierung boviner Präadipocyten zu Adipocyten inhibiert, wie es auch für humane Präadipocyten (Brown et al., 2003) dargestellt ist. Sakuma et al. (2010) zeigten, dass c9,t11-CLA dagegen *in vitro* über PPARγ die Differenzierung von Mäusepräadipocyten zu kleinen maturen Fettzellen, die Adiponectin sekretieren, induziert. *In vitro* bewirkte eine Langzeitbehandlung mit hohen Dosen (75,4 µmol/l, acht Tage) des jeweiligen CLA-Isomeres bei murinen Fettzellen nur durch t10,c12-CLA, nicht aber durch c9,t11-CLA, eine Stimulation des Energieverbrauches, der Apoptose und der Fettsäurenoxidation und erhöhte

die mRNA-Expression von TNFα. Durch beide Isomere wurden in dieser Studie die mRNA-Expression und die Sekretion von PPARα erhöht, während beide Isomere keinen Einfluss auf die Lipolyse und die mRNA-Expression von Leptin hatten (Zhai et al., 2010). Bei diabetischen Zucker-Ratten verbesserte eine achtwöchige Supplementation von t10,c12-CLA die Glukose-Toleranz ohne eine Veränderung von Körpergeweicht und visceraler Fettmasse bei gleichzeitig reduzierter Leberfettmasse, verbesserter Leberfunktion und reduzierter Inflammation (Stringer et al., 2010). Diese Effekte konnten in der gleichen Studie bei Supplementation von c9,t11-CLA nicht beobachtet werden (Stringer et al., 2010).
Unter Einfluss von t10,c12-CLA wird die mRNA-Expression von Adiponectin sowohl in Mäuse-Adipocyten als auch in humanen Fettzellen vermindert (Poirer et al., 2006; Brown et al., 2004). Die zugrunde liegenden Mechanismen scheinen sowohl PPARγ-abhängige als auch PPARγ-unabhängige zu sein (Miller et al., 2008). Bei Ratten wird die mRNA-Expression beider Adiponectin-Rezeptoren in Lebergewebe durch sowohl t10,c12-CLA als auch c9,t11-CLA erhöht, während Adiponectin im Serum nicht beeinflusst wird (Choi et al., 2007). Die gleichzeitig beobachtete verbesserte Insulinsensitivität könnte auch in der erhöhten Expression der Adiponectin-Rezeptoren begründet sein. Bei übergewichtigen Zucker-Ratten beschreiben Martins et al. (2010) eine Erhöhung des Adiponectin im Serum und eine Erniedrigung der Blutglukose durch Supplementation eines Isomerengemisches. Mäuse zeigen nach vierwöchiger Supplementation eines CLA-Isomerengemisches eine Gewichtsreduktion, eine Erniedrigung des Adiponectin-Spiegels im Serum, eine verminderte Insulinsensitivität und eine durch vermehrte Lipideinlagerung verursachte Hepatomegalie. Alle diese Effekte waren reversibel durch Beendigung der CLA-Supplementation (Purushotham et al., 2007).
Zusammenfassend lässt sich sagen, dass die beschriebenen Effekte von CLA auf das Adiponectinsystem kontrovers sind und je nach behandelter Spezies und Zusammensetzung sowie Menge des supplementierten CLA variieren.

Die in der vorliegenden Studie ebenfalls untersuchte mRNA-Menge von IL6 im Lebergewebe von Milchkühen in der Laktation war wie die des Adiponectinsystems nicht durch die Supplementierung des CLA-Isomerengemisches beeinflusst. Auch Sigl et al. (2010) konnten bei Supplementation eines Isomerengemisches 14 Tage a.p. bis 28 Tage p.p. keine Effekte auf die mRNA-Expression von TNFα sowie von PPARγ und PPARα nachweisen, wobei zu beachten ist, dass die Kühe nur 61,5% der verabreichten 7,5 g CLA pro Tier und Tag aufgenommen haben. Der Status der Expression der proinflammatorischen Cytokine TNFα und IL6 im Lebergewebe scheint durch die Supplementierung eines CLA-Isomerengemisches bei Kühen nicht beeinflussbar zu sein. In der Studie von Sigl et al. (2010) waren auch die Blutglukose und weitere metabolische Schlüsselparameter der Kühe durch das CLA nicht verändert und deren metabolischer Status nicht verbessert, auch Lipomobilisation war in gleichem Umfang wie bei den Kontrolltieren vorhanden. Bernal-Santos et al. (2003) und auch Perfield et al. (2002) beschreiben, dass es durch CLA-Supplementierung nicht zu einer Verbesserung der Leistungs- und Plasmaparameter bei Milchkühen kommt. In den beiden zuletzt genannten Studien kommt es allerdings zu einer Senkung des Milchfettgehaltes durch t10,c12-CLA, die Sigl et al. (2010) in der frühen Laktation nicht beobachten konnten.

Im Mausmodell zeigten Poirer et al. (2006), dass die Expression von TNFα und IL6 im Fettgewebe der Mäuse, bei unveränderten Serumspiegeln, durch Supplementation von t10,c12-CLA erhöht ist, während die Expression von Adiponectin und Leptin, bei unveränderten Serumspiegeln, erniedrigt ist. Die Supplementation von t10,c12-CLA führte lokal im Fettgewebe zum Entstehen eines proinflammatorischen Status, einhergehend mit verminderter Insulinsensitivität. Das Isomer c9,t11-CLA hingegen bewirkt *in vitro* in Muskelzellen von Mäusen eine Verbesserung der Insulinsensitivität durch Aktivierung der AMPK (Qin et al., 2009). In humanen Adipocyten bewirkt die Zugabe eines CLA-Isomerengemisches *in vitro* eine verminderte Expession von IL6 und IL1β und eine erhöhte Expression und Sekretion des antiinflammatorisch wirksamen IL10 (Ocana et al., 2010). Jedoch liegen auch hierzu gegensätzliche Beobachtungen vor. Chung et al. (2005) beschreiben, dass t10-c12-CLA in humanen Adipocyten, vermittelt über NFκB, Cytokine wie IL6 heraufreguliert und somit das Enstehen einer Insulinresistenz begünstigt.

Auch die Effekte von CLA auf proinflammatorische Cytokine wie IL6 werden kontrovers diskutiert und scheinen, ähnlich denen auf das Adiponectinsystem, speziesabhängig und beeinflusst durch Isomer und Dosis der untersuchten CLA zu sein.

An den Leber- und s.c. Fettgewebsproben der vorliegenden Studie wurde auch die mRNA-Menge von Haptoglobin untersucht. Im Lebergewebe waren ein Anstieg der Expression von Haptoglobin mRNA kurz nach der Kalbung mit nachfolgendem Abfall auf das vorgeburtliche

Niveau und ein erneuter Anstieg zwischen Tag 182 und 196 p.p. nachweisbar. Im s.c. Fettgewebe waren keine zeitlichen Schwankungen der mRNA-Menge von Haptoglobin erkennbar. Ein Einfluss der CLA-Supplementierung auf die mRNA-Menge von Haptoglobin konnte weder im Leber- noch im s.c. Fettgewebe nachgewiesen werden (Saremi et al., 2010b).

Anhand der vorliegenden Studie konnte gezeigt werden, dass die mRNA-Expression des Adiponectinsystems in s.c. Fettgewebe und Lebergewebe genauso wie die des IL6 in Lebergewebe der Milchkuh in der späten Trächtigkeit und im Verlauf einer Laktation einer zeitlichen Regulation unterliegt, durch CLA-Supplementierung jedoch nicht beeinflusst wird. Eine eventuelle Beeinflussung der Tiergesundheit durch eine Langzeitsupplementation mit einem CLA-Isomerengemisch über Veränderungen der Expression der hier untersuchten Adipokine kann jedoch nicht gänzlich ausgeschlossen werden: Weitere Untersuchungen potentieller CLA-Effekte speziell beim Wiederkäuer sollten besonders den im Einzelfall erreichten Gewebekonzentrationen der zu untersuchenden CLA gelten, um nicht nur die zugeführte Dosis, sondern auch die tatsächlich absorbierten, systemisch und lokal wirksamen CLA-Konzentrationen zu berücksichtigen. Auch könnten potentielle Einflüsse einzeln angewandter Isomere auf die Adipokine näher betrachtet werden. Es gilt hier sicherlich auch, was Reynolds und Roche (2010) im Bezug auf den Nutzen einer CLA-Gabe für die menschliche Gesundheit postulierten: Es sind weiter reichende Erkenntnisse notwendig über Wirkmechanismen und Effekte von CLA, bevor eine Supplementierung als sicher und für die Gesundheit als förderlich anzusehen sein kann.

5 Zusammenfassung

Sarah Vorspohl gen. Reher

Profile der mRNA-Expression des Adiponectinsystems und des Interleukin 6 in Leber- und subcutanem Fettgewebe der Milchkuh im Laktationsverlauf sowie ihre Beeinflussung durch Supplementation konjugierter Linolsäuren

In der Milchviehzucht führte eine starke Selektion auf hohe Milchleistungen dazu, dass es immer schwieriger wurde, diese Tiere bedarfsgerecht zu halten und zu füttern. So traten vermehrt gesundheitliche Störungen bei Hochleistungskühen insbesondere im ersten Drittel einer Laktation auf. Die Kühe geraten durch hohe Milchleistungen und zu geringe Aufnahme von Energie über das Futter in ein Energiedefizit und eine katabole Stoffwechsellage, die den als physiologisch zu betrachtenden Rahmen übersteigen. Die Folgen sind häufig Stoffwechsel- und Infektionskrankheiten, Fruchtbarkeitsstörungen und ein Unterschreiten der Produktionskapazität. Eine negative Energiebilanz induziert den Abbau körpereigener Fettreserven und führt im Zuge dieser Lipolyse zu gravierenden metabolischen Veränderungen. Weitere Bedeutung kommt dem Fettgewebe durch die Sekretion von Adipokinen zu. Das sind Faktoren, die auf autokrinem, parakrinem und endokrinem Weg die unterschiedlichsten Stoffwechselwege beeinflussen. Adiponectin ist ein solches Adipokin, das über Adiponectinrezeptoren vermittelt im Rahmen der Glukosehomöostase und der Regulation der Insulinsensitivität sowie des Energiehaushaltes der Milchkuh eine wichtige Rolle spielt. Interleukin 6 ist ein Zytokin, das ebenfalls zur Gruppe der Adipokine gezählt wird; es beeinflusst - neben der Vermittlung von Entzündungsreaktionen durch Induktion einer Akuten-Phase-Reaktion - ebenfalls die Insulinsensitivität.

Ziel dieser Arbeit war das Erstellen von Profilen der mRNA-Expression von Adiponectin, den Adiponectinrezeptoren 1 und 2 und Interleukin 6 im subcutanen Fett- und im Lebergewebe von Milchkühen, die den Verlauf einer kompletten Laktation einschließlich der drei Wochen ante partum abbilden. Ein weiterer Schwerpunkt war die Untersuchung einer etwaigen Beeinflussbarkeit der mRNA-Expression der genannten Adipokine durch Supplementation konjugierter Linolsäuren (CLA). Milchkühen wird CLA supplementiert, da es den

Milchfettgehalt reduziert und unterstellt wird, dass somit der Energiebedarf der Kuh zur Milchbildung gesenkt wird.
Für die Untersuchungen wurden 11 Milchkühe einer Fütterungsgruppe, die mit 100 g eines CLA-Isomerengemisches supplementiert wurden, und 11 Milchkühe einer Kontrollgruppe, die mit einem isoenergetischen Fettsäurengemisch supplementiert wurden, zugewiesen. An den Tagen 21 a.p und 1, 21, 70, 105, 182, 196, 224 und 252 p.p. wurden den Tieren Biopsien der Leber und des subcutanen Fettes an der Schwanzwurzel entnommen. Die mittels quantitativer real-time PCR ermittelten mRNA-Mengen wurden dann sowohl zwischen Kontroll- und Fütterungsgruppe als auch zwischen den einzelnen Terminen der Probenahmen verglichen.

Die Supplementation von CLA zeigte keinen Einfluss auf die mRNA-Expression von Adiponectin, den Adiponctinrezeptoren und Interleukin 6 in Leber und subcutanem Fettgewebe der Milchkühe.
Zeitbezogene Unterschiede waren für alle genannten Gene nachweisbar. Die Adiponectin mRNA-Menge in subcutanem Fettgewebe nahm 21 Tage p.p. im Vergleich zu a.p. ab, was in Zusammenhang mit der für diesen Zeitraum beschriebenen sinkenden Insulinsensitivität des Fettgewebes stehen könnte. Für den Adiponectinrezeptor 1 (AdipoR1) in subcutanem Fettgewebe waren eine Abnahme der mRNA-Menge in der frühen Laktation nachweisbar sowie ein erneuter Anstieg in der späten Lakation. Die mRNA-Menge des Adiponectinrezeptor 2 (AdipoR2) im subcutanen Fettgewebe nahm 21 Tage nach der Geburt im Vergleich zu vor der Geburt ab. Die mRNA-Expression beider Adiponectinrezeptoren weist somit ebenfalls auf eine verminderte Insulinsensitivität des Fettgewebes in der frühen Laktation hin. Im Lebergewebe war in der späten Laktation eine höhere AdipoR1 mRNA-Menge nachweisbar als in der frühen Laktation und vorgeburtlich. Die mRNA-Menge von AdipoR2 im Lebergewebe wies einen Anstieg in der frühen Laktation und wiederum einen Abfall in der späten Laktation auf. Der nachgeburtliche Anstieg der mRNA-Expression beider Adiponectinrezeptoren im Lebergewebe deutet auf eine inverse Regulation der mRNA-Expression der Adiponectinrezeptoren in Fettgewebe im Vergleich zu der im Lebergewebe hin. Für Interleukin 6 war ein nachgeburtlicher Abfall der mRNA-Menge im Lebergewebe nachweisbar.

Die Ergebnisse der vorliegenden Studie spezifizieren die Beteiligung der untersuchten Adipokine und somit des Fettgewebes an physiologischen Vorgängen und auch an der Entstehung von metabolischen Entgleisungen. Des Weiteren schaffen sie Grundlagen zum Verständnis der Auswirkungen, die eine Supplementation von CLA auf die Tiergesundheit hat.

Nachfolgende Studien sollten weitere Adipokine und die zugehörigen Proteine untersuchen. Auch eventuelle Einflüsse einzeln eingesetzter CLA-Isomere auf die Gen- und Proteinexpression der Adipokine sollten beleuchtet werden.

CLA hatte auch bei langfristiger Supplementation keine Effekte auf die hier untersuchten Parameter, was unter den hier getesteten Bedingungen keine nachteilige Beeinflussung des Stoffwechsels der Milchkuh erwarten lässt.

6 Summary

Sarah Vorspohl gen. Reher

Profiles of the mRNA expression of the adiponectin system and interleukin 6 in liver and in subcutaneous adipose tissue of dairy cows during lactation and their reaction towards supplementation of conjugated linoleic acids

A pronounced selection for high milk yields made it complicated to house and feed dairy cows appropriate to their needs. That is the reason why problems with the health status of high-yielding dairy cows particularly during the first third of lactation increased. Due to high milk yields and low energy intake negative energy balance and catabolism may occur, exceeding physiological limits. This is often followed by metabolic and infectious diseases, reproductive disorders, and falling below the productive capacity. Negative energy balance induces reduction of the body's fat depots; this lipolysis results in serious metabolic changes. Adipose tissue plays another important role by secreting adipokines, i.e. factors influencing various metabolic processes in autocrine, paracrine, and endocrine ways. Adiponectin is one adipokine influencing through its receptors glucose homeostasis and regulating insulin sensitivity and energy expenditure of dairy cows. Interleukin 6 is a cytokine which also belongs to the group of adipokines and affects insulin sensitivity and mediates inflammation by induction of the acute-phase reaction.

The aim of this study was to generate profiles of the mRNA expression of adiponectin, adiponectin receptor 1 and 2, and interleukin 6 in subcutaneous adipose tissue and in liver tissue of dairy cows in order to characterize a complete lactation including three weeks before parturition. Another main focus was the potential influence of a supplementation with conjugated linoleic acids (CLA) on the mRNA expression of the genes mentioned above. Supplementation with CLA decreases milk-fat in dairy cows, therefore it might also reduce the energy requirements for milk production.

For this study, 11 dairy cows were allocated to a feeding group supplemented with 100 g of a CLA-mixture, and 11 dairy cows to a control group supplemented with an isoenergetic mixture of fatty acids. Biopsies of subcutaneous adipose tissue from tailhead and liver were taken on days 21 a.p. and 1, 21, 70, 105, 182, 196, 224, 252 p.p.. The mRNA abundances were quantified by quantitative real-time PCR and were then compared between both groups as well as between the days of sampling. Supplementation of CLA had no influence on the mRNA abundance of adiponectin, adiponectin receptors, and interleukin 6 in subcutaneous adipose tissue and liver tissue.

Time-related differences throughout lactation were detectable for all the mRNAs. The adiponectin mRNA abundance in subcutaneous adipose tissue was decreased from 21 days a.p. to 21 days p.p.. This is possibly related to the reduced insulin sensitivity of adipose tissue which is described for this period. For the adiponectin receptor 1 (AdipoR1) in adipose tissue, a reduction of the mRNA abundance was evidenced in early lactation and an increase in late lactation. Adiponectin receptor 2 (AdipoR2) mRNA abundance in adipose tissue was lower 21 days after parturition than before parturition. Thus the mRNA abundance of both adiponectin receptors in subcutaneous adipose tissue is also in line with a reduced insulin sensitivity in adipose tissue in early lactation. In liver tissue mRNA abundance of AdipoR1 was higher in late lactation than in early lactation and before parturition. AdipoR2 mRNA abundance in liver tissue showed an increase in early lactation and again a decrease in late lactation. The postpartal increase of mRNA abundance, demonstrated for both adiponectin receptors in liver, indicates an inverse regulation of mRNA expression of adiponectin receptors in adipose tissue in comparison to liver tissue. For Interleukin 6 a decrease of mRNA abundance after parturition was detectable in liver.

The results of this study specify the involvement of the adipokines investigated in physiological processes and in the development of metabolic disorders. In addition they establish a basis for understanding the impact of a CLA-supplementation on animal health. Future studies should focus on further adipokines as well as on investigations at the proteinlevel. Potential influences of individual CLA-isomers on gene- and protein-expression of the adipokines should also be investigated.

Long-term supplementation of CLA under the conditions tested here had no effects on the parameters investigated in this study thus not indicating adverse effects on metabolism and health.

7 Verzeichnisse

7.1 Literaturverzeichnis

Alsemgeest, S.P.M.; van't Klooster, G.A.E.; van Miert, A.S.J.P.A.M.; Hulskamp-Koch, C.K.; Gruys, E. (1996):
Primary bovine hepatocytes in the study of cytokine induced acute-phase protein secretion in vitro. *Vet Immunol Immunopathol* **53**, 179–184.

Andrade, P.V. de; Schmidely, P. (2006):
Effect of duodenal infusion of trans10,cis12-CLA on milk performance and milk fatty acid profile in dairy goats fed high or low concentrate diet in combination with rolled canola seed. *Reprod Nutr Dev* **46**, 31–48.

Antuna-Puente, B.; Feve, B.; Fellahi, S.; Bastard, J.P. (2008):
Adipokines: The missing link between insulin resistance and obesity. *Diabetes Metab* **34**, 2–11.

Bahar, B.; Monahan, F.; Moloney, A.; Schmidt, O.; MacHugh, D.; Sweeney, T. (2007):
Long-term stability of RNA in post-mortem bovine skeletal muscle, liver and subcutaneous adipose tissues. *BMC Mol Biol* **8**, 108.

Bastard, J.-P.; Maachi, M.; van Nhieu, J.T.; Jardel, C.; Bruckert, E.; Grimaldi, A.; Robert, J.-J.; Capeau, J.; Hainque, B. (2002):
Adipose tissue IL-6 content correlates with resistance to insulin activation of glucose uptake both in vivo and in vitro. *J Clin Endocrinol Metab* **87**, 2084–2089.

Bauer, S.; Weigert, J.; Neumeier, M.; Wanninger, J.; Schäufler, A.; Luchner, A.; Schnitzbauer, A.; Aslanidis, C.; Buechler, C. (2010):
Low-abundant adiponectin receptors in visceral adipose tissue of humans and rats are further reduced in diabetic animals. *Arch Med Res* **41**, 75–82.

Bauman, D.E.; Currie, W.B. (1980):
Partitioning of nutrients during pregnancy and lactation: a review of mechanisms involving Homeostasis and Homeorhesis. *J. Dairy Sci.* **63**, 1514–1529.

Bauman, D.E.; Perfield, J.W., II; Harvatine, K.J.; Baumgard, L.H. (2008):
Regulation of fat synthesis by conjugated linoleic acid: lactation and the ruminant model. *J. Nutr.* **138**, 403–409.

Baumgard, L.H.; Corl, B.A.; Dwyer, D.A.; Bauman, D.E. (2002):
Effects of conjugated linoleic acids (CLA) on tissue response to homeostatic signals and plasma variables associated with lipid metabolism in lactating dairy cows. *J Anim Sci* **80**, 1285–1293.

Baumgard, L.H.; Corl, B.A.; Dwyer, D.A.; Saebo, A.; Bauman, D.E. (2000):
Identification of the conjugated linoleic acid isomer that inhibits milk fat synthesis. *Am J Physiol Regul Integr Comp Physiol* **278**, R179-R184.

Bazan, J.F. (1990):
Haemopoietic receptors and helical cytokines. *Immunol Today* **11**, 350–354.

Bell, A.W. (1995):
Regulation of organic nutrient metabolism during transition from late pregnancy to early lactation. *J. Anim Sci.* **73**, 2804–2819.

Bell, A.W.; Bauman, D.E. (1997):
Adaptations of glucose metabolism during pregnancy and lactation. *J Mammary Gland Biol Neoplasia* **2**, 265–278.

Bell, J.A.; Kenelly, J.J. (2001):
Conjugated linoleic acid enriched milk: a designer milk with potential. *Adv Dairy Tech* **13**, 213–228.

Belury, M.A.; Moya-Camarena, S.Y.; Liu, K.-L.; Vanden Heuvel, J.P. (1997):
Dietary conjugated linoleic acid induces peroxisome-specific enzyme accumulation and ornithine decarboxylase activity in mouse liver. *J Nutr Biochem* **8**, 579–584.

Belury, M.A.; Moya-Camarena, S.Y.; Lu, M.; Shi, L.; Leesnitzer, L.M.; Blanchard, S.G. (2002):
Conjugated linoleic acid is an activator and ligand for peroxisome proliferator-activated receptor-gamma (PPAR[gamma]). *Nutr Res* **22**, 817–824.

Berg, A.H.; Combs, T.P.; Du, X.; Brownlee, M.; Scherer, P.E. (2001):
The adipocyte-secreted protein Acrp30 enhances hepatic insulin action. *Nat Med* **7**, 947–953.

Berg, A.H.; Combs, T.P.; Du, X.; Brownlee, M.; Scherer, P.E. (2001):
The adipocyte-secreted protein Acrp30 enhances hepatic insulin action. *Nat Med* **7**, 947–953.

Bernal-Santos, G.; Perfield II, J.W.; Barbano, D.M.; Bauman, D.E.; Overton, T.R. (2003):
Production responses of dairy cows to dietary supplementation with conjugated linoleic acid (CLA) during the transition period and early lactation. *J. Dairy Sci.* **86**, 3218–3228.

Blüher, M.; Williams, C.J.; Klöting, N.; Hsi, A.; Ruschke, K.; Oberbach, A.; Fasshauer, M.; Berndt, J.; Schön, M.R.; Wolk, A.; Stumvoll, M.; Mantzoros, C.S. (2007):
Gene expression of adiponectin receptors in human visceral and subcutaneous adipose tissue is related to insulin resistance and metabolic parameters and is altered in response to physical training. *Diabetes Care* **30**, 3110–3115.

Bontempo, V.; Sciannimanico, D.; Pastorelli, G.; Rossi, R.; Rosi, F.; Corino, C. (2004):
Dietary conjugated linoleic acid positively affects immunologic variables in lactating sows and piglets. *J Nutr* **134**, 817–824.

Bouloumié, A.; Curat, C.A.; Sengenès, C.; Lolmède, K.; Miranville, A.; Busse, R. (2005):
Role of macrophage tissue infiltration in metabolic diseases. *Curr Opin Clin Nutr Metab Care* **8**, 347–354.

Braissant, O.; Foufelle, F.; Scotto, C.; Dauca, M.; Wahli, W. (1996):
Differential expression of peroxisome proliferator-activated receptors (PPARs): tissue distribution of PPAR-alpha, -beta, and -gamma in the adult rat. *Endocrinology* **137**, 354–366.

Breves, G. (2007):
Züchtung und Stoffwechselstabilität beim Rind – Empfehlungen für die Zucht und Haltung. *Züchtungskunde* **79**, 52–58.

Breves, G.; Rodehutscord, M.Gibt es Grenzen in der Zucht auf Milchleistung? -Aus Sicht der Physiologie-. In: *27. Viehwirtschaftliche Fachtagung, Juni 2000, Bundesanstalt für alpenländische Landwirtschaft Gumpenstein*, 1–4.

Brown, J.M.; Boysen, M.S.; Chung, S.; Fabiyi, O.; Morrison, R.F.; Mandrup, S.; McIntosh, M.K. (2004):
Conjugated linoleic acid induces human adipocyte delipidation. *J Biol Chem* **279**, 26735–26747.

Brown, J.M.; Boysen, M.S.; Jensen, S.S.; Morrison, R.F.; Storkson, J.; Lea-Currie, R.; Pariza, M.; Mandrup, S.; McIntosh, M.K. (2003):
Isomer-specific regulation of metabolism and PPAR gamma signaling by CLA in human preadipocytes. *J Lipid Res* **44**, 1287–1300.

Bruun, J.M.; Lihn, A.S.; Verdich, C.; Pedersen, S.B.; Toubro, S.; Astrup, A.; Richelsen, B. (2003):
Regulation of adiponectin by adipose tissue-derived cytokines: in vivo and in vitro investigations in humans. *Am J Physiol Endocrinol Metab* **285**, E527-533.

Bryzgalova, G.; Lundholm, L.; Portwood, N.; Gustafsson, J.-A.; Khan, A.; Efendic, S.; Dahlman-Wright, K. (2008):
Mechanisms of antidiabetogenic and body weight-lowering effects of estrogen in high-fat diet-fed mice. *Am J Physiol Endocrinol Metab* **295**, E904-912.

Bustin, S.A.; Nolan, T. (2004):
Pitfalls of quantitative real-time reverse transcription PCR (RT-PCR): trends and problems. *J Biomol Tech* **15**, 155–166.

Bustin, S.A.; Benes, V.; Garson, J.A.; Hellemans, J.; Huggett, J.; Kubista, M.; Mueller, R.; Nolan, T.; Pfaffl, M.W.; Shipley, G.L.; Vandesompele, J.; Wittwer, C.T. (2009):
The MIQE Guidelines: Minimum information for publication of quantitative real-time PCR experiments. *Clin Chem* **55**, 611–622.

Butler, W.R. (2003):
Energy balance relationships with follicular development, ovulation and fertility in postpartum dairy cows. *Livest Prod Sci* **83**, 211–218.

Caroprese, M.; Albenzio, M.; Annicchiarico, G.; Sevi, A. (2006):
Changes occurring in immune responsiveness of single- and twin-bearing comisana ewes during the transition period. *J. Dairy Sci.* **89**, 562–568.

Catalano, P.; Hoegh, M.; Minium, J.; Huston-Presley, L.; Bernard, S.; Kalhan, S.; Hauguel-De Mouzon, S. (2006):
Adiponectin in human pregnancy: implications for regulation of glucose and lipid metabolism. *Diabetologia* **49**, 1677–1685.

Chandran, M.; Phillips, S.A.; Ciaraldi, T.; Henry, R.R. (2003):
Adiponectin: more than just another fat cell hormone? *Diabetes Care* **26**, 2442–2450.

Choi, J.S.; Koh, I.-U.; Jung, M.H.; Song, J. (2007):
Effects of three different conjugated linoleic acid preparations on insulin signalling, fat oxidation and mitochondrial function in rats fed a high-fat diet. *Br J Nutr* **98**, 264–275.

Chomczynski, P.; Sacchi, N. (1987):
Single-step method of RNA isolation by acid guanidinium thiocyanate-phenol-chloroform extraction. *Anal Biochem* **162**, 156–159.

Chung, S.; Brown, J.M.; Provo, J.N.; Hopkins, R.; McIntosh, M.K. (2005):
Conjugated linoleic acid promotes human adipocyte insulin resistance through NFκB-dependent cytokine production. *J Biol Chem* **280**, 38445–38456.

Clement, L.; Poirier, H.; Niot, I.; Bocher, V.; Guerre-Millo, M.; Krief, S.; Staels, B.; Besnard, P. (2002):
Dietary trans-10,cis-12 conjugated linoleic acid induces hyperinsulinemia and fatty liver in the mouse. *J Lipid Res* **43**, 1400–1409.

Combs, T.P.; Berg, A.H.; Rajala, M.W.; Klebanov, S.; Iyengar, P.; Jimenez-Chillaron, J.C.; Patti, M.E.; Klein, S.L.; Weinstein, R.S.; Scherer, P.E. (2003):
Sexual differentiation, pregnancy, calorie restriction, and aging affect the adipocyte-specific secretory protein adiponectin. *Diabetes* **52**, 268–276.

Cook, M.E.; Miller, C.C.; Park, Y.; Pariza, M. (1993):
Immune modulation by altered nutrient metabolism: nutritional control of immune-induced growth depression. *Poult Sci* **72**, 1301–1305.

DeLany, J.P.; Blohm, F.; Truett, A.A.; Scimeca, J.A.; West, D.B. (1999):
Conjugated linoleic acid rapidly reduces body fat content in mice without affecting energy intake. *Am J Physiol Regul Integr Comp Physiol* **276**, R1172-1179.

Deng, Y.; Scherer, P.E. (2010):
Adipokines as novel biomarkers and regulators of the metabolic syndrome. *Ann N Y Acad Sci* **1212**, E1-E19.

Desvergne, B.; Wahli, W. (1999):
Peroxisome proliferator-activated receptors: nuclear control of metabolism. *Endocr Rev* **20**, 649–688.

Di Giancamillo, A.; Rossi, R.; Vitari, F.; Pastorelli, G.; Corino, C.; Domeneghini, C. (2009):
Dietary conjugated linoleic acids decrease leptin in porcine adipose tissue. *J Nutr* **139**, 1867–1872.

Drackley, J.K. (1999):
Biology of dairy cows during the transition period: the final frontier. *J Dairy Sci* **82**, 2259–2273.

Drackley, J.K. (2004):
Fütterung und Management der Milchkuh im peripartalen Zeitraum. *Übers Tierernährg*, 1–21.

Droogmans, L.; Cludts, I.; Cleuter, Y.; Kettmann, R.; Burny, A. (1992):
Nucleotide sequence of bovine interleukin-6 cDNA. *Mitochondrial DNA* **2**, 411–413.

Engeli, S.; Feldpausch, M.; Gorzelniak, K.; Hartwig, F.; Heintze, U.; Janke, J.; Mählig, M.; Pfeiffer, A.F.H.; Luft, F.C.; Sharma, A.M. (2003):
Association between adiponectin and mediators of inflammation in obese women. *Diabetes* **52**, 942–947.

Evans, M.E.; Brown, J.M.; McIntosh, M.K. (2002):
Isomer-specific effects of conjugated linoleic acid (CLA) on adiposity and lipid metabolism. *J Nutr Biochem* **13**, 508–516.

Fain, J.N.Release of interleukins and other inflammatory cytokines by human adipose tissue is enhanced in obesity and primarily due to the nonfat cells. In: Gerald Litwack (ed), *Vitamins & Hormones : Interleukins*. Academic Press, 443–477.

Fain, J.N.; Bahouth, S.W.; Madan, A.K. (2004):
Haptoglobin release by human adipose tissue in primary culture. *J Lipid Res* **45**, 536–542.

Fasshauer, M.; Klein, J.; Kralisch, S.; Klier, M.; Lössner, U.; Blüher, M.; Paschke, R. (2004):
Growth hormone is a positive regulator of adiponectin receptor 2 in 3T3-L1 adipocytes. *FEBS Lett* **558**, 27–32.

Fasshauer, M.; Kralisch, S.; Klier, M.; Lossner, U.; Bluher, M.; Klein, J.; Paschke, R. (2003):
Adiponectin gene expression and secretion is inhibited by interleukin-6 in 3T3-L1 adipocytes. *Biochem Biophy Res Commun* **301**, 1045–1050.

Fast, D.G.; Vance, D.E. (1995):
Nascent VLDL phospholipid composition is altered when phosphatidylcholine biosynthesis is inhibited: evidence for a novel mechanism that regulates VLDL secretion. *Biochim Biophys Acta (BBA) - Lipids Lipid Metab* **1258**, 159–168.

Ferguson JD (2005):
Nutrition and reproduction in dairy herds. *Vet Clin North Am Food Anim Pract.*, 325–347.

Fitzpatrick, R.; Casey, O.M.; Morris, D.; Smith, T.; Powell, R.; Sreenan, J.M. (2002):
Postmortem stability of RNA isolated from bovine reproductive tissues. *Biochem Biophys Acta (BBA) - Gene Structure and Expression* **1574**, 10–14.

Flachowsky G.; Meyer, U.;Lebzien,P. (2004):
Zur Fütterung von Hochleistungskühen. *Übers Tierernährg*, 103–147.

Fleige, S.; Pfaffl, M.W. (2006):
RNA integrity and the effect on the real-time qRT-PCR performance. Real-time polymerase chain reaction. *Mol Aspects Med* **27**, 126–139.

Fried, S.K.; Bunkin, D.A.; Greenberg, A.S. (1998):
Omental and subcutaneous adipose tissues of obese subjects release interleukin-6: depot difference and regulation by glucocorticoid. *J Clin Endocrinol Metab* **83**, 847–850.

Fritsche, J.; M. P. Yurawecz; R. Pawlosky; V. P. Flanagan; H. Steinhart; Y. Ku (2001):
Spectroscopic characterization of unusual conjugated linoleic acid (CLA) isomers. *J Sep Sci* **24**, 59–61.

Fu, Y.; Luo, N.; Klein, R.L.; Garvey, W.T. (2005):
Adiponectin promotes adipocyte differentiation, insulin sensitivity, and lipid accumulation. *J Lipid Res* **46**, 1369–1379.

Fuglsang, J.; Skjærbæk, C.; Frystyk, J.; Flyvbjerg, A.; Ovesen, P. (2006):
Short communication: A longitudinal study of serum adiponectin during normal pregnancy. *BJOG* **113**, 110–113.

Fuglsang, J.; Sandager, P.; Frystyk, J.; Moller, N.; Flyvbjerg, A.; Ovesen, P. (2010):
Alterations in circulating adiponectin levels occur rapidly after parturition. *Eur J Endocrinol*, EJE-10-0017.

Gläser, K.R.; Scheeder, M.R.L.; Wenk, C. (2000):
Dietary C18:1 trans fatty acids increase conjugated linoleic acid in adipose tissue of pigs. *Eur J Lipid Sci Technol* **102**, 684–686.

Greenberg, A.S.; Nordan, R.P.; McIntosh, J.; Calvo, J.C.; Scow, R.O.; Jablons, D. (1992):
Interleukin 6 reduces lipoprotein lipase activity in adipose tissue of mice in vivo and in 3T3-L1 adipocytes: a possible role for iInterleukin 6 in cancer cachexia. *Cancer Res* **52**, 4113–4116.

Griinari, J.M.; Corl, B.A.; Lacy, S.H.; Chouinard, P.Y.; Nurmela, K.V.V.; Bauman, D.E. (2000):
Conjugated Linoleic Acid Is Synthesized Endogenously in Lactating Dairy Cows by Delta9-Desaturase. *J Nutr* **130**, 2285–2291.

Griinari, J.M.; Dwyer, D.A.; McGuire, M.A.; Bauman, D.E.; Palmquist, D.L.; Nurmela, K.V.V. (1998):
Trans-octadecenoic acids and milk fat depression in lactating dairy cows. *J Dairy Sci* **81**, 1251–1261.

Grummer, R.R. (1995):
Impact of changes in organic nutrient metabolism on feeding the transition dairy cow. *J Anim Sci* **73**, 2820–2833.

Grummer, R.R.; Hoffman, P.C.; Luck, M.L.; Bertics, S.J. (1995):
Effect of prepartum and postpartum dietary energy on growth and lactation of primiparous cows. *J Dairy Sci* **78**, 172–180.

Gustafson, B.; Jack, M.M.; Cushman, S.W.; Smith, U. (2003):
Adiponectin gene activation by thiazolidinediones requires PPAR gamma2, but not C/EBPalpha--evidence for differential regulation of the aP2 and adiponectin genes. *Biochem Biophy Res Commun* **308**, 933–939.

Ha, Y.L.; Grimm, N.K.; Pariza, M.W. (1987):
Anticarcinogens from fried ground beef: heat-altered derivatives of linoleic acid. *Carcinogenesis* **8**, 1881–1887.

Haluzik, M.; Parizkowa, J.H.M.M. (2004):
Adiponectin and its role in the obesity induced insulin resistance and related complications. *Pysiol Res* **53**, 123–129.

Harvatine, K.J.; Boisclair, Y.R.; Bauman, D.E. (2009):
Recent advances in the regulation of milk fat synthesis. *Animal* **3**, 40–54.

Harvatine, K.J.; Perfield, J.W., II; Bauman, D.E. (2009):
Expression of enzymes and key regulators of lipid synthesis is upregulated in adipose tissue during CLA-induced milk fat depression in dairy cows. *J Nutr* **139**, 849–854.

Heiker, J.T.; Kosel, D.; Beck-Sickinger, A.G. (2010):
Molecular mechanisms of signal transduction via adiponectin and adiponectin receptors. Biological Chemistry. *Biol Chem* **391**, 1005–1018.

Heinrich, P.C.; Castell, J.V.; Andus, T. (1990):
Interleukin-6 and the acute phase response. *Biochem J*, 297–314.

Heinrich, P.C.; Behrmann, I.; Haan, S.; Hermanns, H.M.; Müller-Newen, G.; Schaper, F. (2003):
Principles of interleukin (IL)-6-type cytokine signalling and its regulation. *Biochem J* **374**, 1–20.

Hellemans, J.; Mortier, G.; Paepe, A. de; Speleman, F.; Vandesompele, J. (2007):
qBase relative quantification framework and software for management and automated analysis of real-time quantitative PCR data. *Genome Biol* **8**, R19.

Herdt, T.H. (1988):
Fatty liver in dairy cows. *Vet Clin North Am Food Anim Pract.* **4**, 269–287.

Hoffstedt, J.; Arvidsson, E.; Sjolin, E.; Wahlen, K.; Arner, P. (2004):
Adipose tissue adiponectin production and adiponectin serum concentration in human obesity and insulin resistance. *J Clin Endocrinol Metab* **89**, 1391–1396.

Hosseini, A.(2009):
Expression of genes related to energy balance in adipose tissue of dairy cattle: effects of SCFA on mRNA abundance as quantified by qPCR and relevance of appropriate selection of reference genes. *Dissertation Universität Bonn, Göttingen: Cuvilier Verlag Göttingen.*

Hosseini, A.; Sauerwein, H.; Mielenz, M. (2010):
Putative reference genes for gene expression studies in propionate and β-hydroxybutyrate treated bovine adipose tissue explants. *J Anim Phys Anim Nutr* **94**, e178-e184.

Houseknecht, K.L.; Heuvel, J.P.V.; Moya-Camarena, S.Y.; Portocarrero, C.P.; Peck, L.W.; Nickel, K.P.; Belury, M.A. (1998):
Dietary conjugated linoleic acid normalizes impaired glucose tolerance in the Zucker diabetic Fattyfa/faRat. *Biochem Biophy Res Commun* **244**, 678–682.

Ivell, R. (1998):
A question of faith--or the philosophy of RNA controls. *J Endocrinol* **159**, 197–200.

Iwaki, M.; Matsuda, M.; Maeda, N.; Funahashi, T.; Matsuzawa, Y.; Makishima, M.; Shimomura, I. (2003):
Induction of adiponectin, a fat-derived antidiabetic and antiatherogenic factor, by nuclear receptors. *Diabetes* **52**, 1655–1663.

Jones, S.A.; Horiuchi, S.; Topley, N.; Yamamoto, N.; Fuller, G.M. (2001):
The soluble interleukin 6 receptor: mechanisms of production and implications in disease. *FASEB J.* **15**, 43–58.

Jorritsma R.; Jorritsma H.; Schukken Y. H.; Bartlett P. C.; Wensing T.; Wentink G. H. (2001):
Prevalence and indicators of post partum fatty infiltration of the liver in nine commercial dairy herds in The Netherlands. *Livest Prod Sci* **68**, 53–60.

Josephs, T.; Waugh, H.; Kokay, I.; Grattan, D.; Thompson, M. (2007):
Fasting-induced adipose factor identified as a key adipokine that is up-regulated in white adipose tissue during pregnancy and lactation in the rat. *J Endocrinol* **194**, 305–312.

Kadegowda, A.K.G.; Bionaz, M.; Thering, B.; Piperova, L.S.; Erdman, R.A.; Loor, J.J. (2009):
Identification of internal control genes for quantitative polymerase chain reaction in mammary tissue of lactating cows receiving lipid supplements. *J Dairy Sci* **92**, 2007–2019.

Kadowaki, T.; Yamauchi, T. (2005):
Adiponectin and adiponectin receptors. *Endocr Rev* **26**, 439–451.

Kadowaki, T.; Yamauchi, T.; Kubota, N.; Hara, K.; Ueki, K.; Tobe, K. (2006):
Adiponectin and adiponectin receptors in insulin resistance, diabetes, and the metabolic syndrome. *J Clin Invest* **116**, 1784–1792.

Kang, K.; Liu, W.; Albright, K.J.; Park, Y.; Pariza, M.W. (2003):
trans-10,cis-12 CLA inhibits differentiation of 3T3-L1 adipocytes and decreases PPAR gamma expression. *Biochem Biophy Res Commun* **303**, 795–799.

Kautzky-Willer, A.; Pacini, G.; Tura, A.; Bieglmayer, C.; Schneider, B.; Ludvik, B.; Prager, R.; Waldhäusl, W. (2001):
Increased plasma leptin in gestational diabetes. *Diabetologia* **44**, 164–172.

Kemp, P.; White, R.W.; Lander, D.J. (1975):
The hydrogenation of unsaturated fatty acids by five bacterial isolates from the sheep rumen, including a new species. *J Gen Microbiol* **90**, 100–114.

Kennedy, A.; Martinez, K.; Schmidt, S.; Mandrup, S.; LaPoint, K.; McIntosh, M. (2010):
Antiobesity mechanisms of action of conjugated linoleic acid. *J Nutr Biochem* **21**, 171–179.

Kepler, C.R.; Tove, S.B. (1967):
Biohydrogenation of unsaturated fatty acids. *J Biol Chem* **242**, 5686–5692.

Kern, P.A.; Di Gregorio, G.B.; Lu, T.; Rassouli, N.; Ranganathan, G. (2003):
Adiponectin expression from human adipose tissue. *Diabetes* **52**, 1779–1785.

Kershaw, E.E.; Flier, J.S. (2004):
Adipose tissue as an endocrine organ. *J Clin Endocrinol Metab* **89**, 2548–2556.

Kim, Y.; Liu, R.; Rychlik, J.; Russell, J. (2002):
The enrichment of a ruminal bacterium (Megasphaera elsdenii YJ-4) that produces the trans-10, cis-12 isomer of conjugated linoleic acid. *J Appl Microbiol* **92**, 976–982.

Kinsella, J. (1972):
Stearyl CoA as a precursor of oleic acid and glycerolipids in mammary microsomes from lactating bovine: possible regulatory step in milk triglyceride synthesis. *Lipids* **7**, 349–355.

Kishimoto, T. (2010):
IL-6: from its discovery to clinical applications. *Int Immunol* **22**, 347–352.

Komatsu, T.; Itoh, F.; Sakumoto, R.; Hodate, K.; Obara, Y.; Kushibiki, S. (2007):
Changes in the gene expression of adiponectin and glucose transporter 12 (GLUT12) in lactating and non-lactating cows. *Anim Sci J* **78**, 98–102.

Kramer, R.; Dänicke, S.; Rehage, J.; Jahreis, G. (2010):
Effects of supplementation with rumen protected conjugated linoleic acids on fatty acid distribution of liver and adipose tissue in dairy cows during lactation. *Proc Soc Nutr Physiol (2010)* **19**, 89.

Kubista, M.; Andrade, J.M.; Bengtsson, M.; Forootan, A.; Jonák, J.; Lind, K.; Sindelka, R.; Sjöback, R.; Sjögreen, B.; Strömbom, L.; Ståhlberg, A.; Zoric, N. (2006):
The real-time polymerase chain reaction. *Mol Aspects Med* **27**, 95–125.

Lee, K.N.; Kritchevsky, D.; Parizaa, M.W. (1994):
Conjugated linoleic acid and atherosclerosis in rabbits. *Atherosclerosis* **108**, 19–25.

Lemor, A.; Hosseini, A.; Sauerwein, H.; Mielenz, M. (2009):
Transition period-related changes in the abundance of the mRNAs of adiponectin and its receptors, of visfatin, and of fatty acid binding receptors in adipose tissue of high-yielding dairy cows. *Domest Anim Endocrinol* **37**, 37–44.

Lengi, A.J.; Corl, B.A. (2010):
Factors influencing the differentiation of bovine preadipocytes in vitro. *J Anim Sci* **88**, 1999–2008.

Lock, A.L.; Teles, B.M.; Perfield, J.W., II; Bauman, D.E.; Sinclair, L.A. (2006):
A conjugated linoleic acid supplement containing trans-10, cis-12 reduces milk fat synthesis in lactating sheep. *J Dairy Sci* **89**, 1525–1532.

Loor, J.J.; Ferlay, A.; Ollier, A.; Doreau, M.; Chilliard, Y. (2005):
Relationship among trans and conjugated fatty acids and bovine milk fat yield due to dietary concentrate and linseed oil. *J Dairy Sci* **88**, 726–740.

Loor, J.J.; Lin, X.; Herbein, J.H. (2002):
Dietary trans-vaccenic acid (trans11-18:1) increases concentration of cis9,trans11-conjugated linoleic acid (rumenic acid) in tissues of lactating mice and suckling pups. *Reprod Nutr Dev* **42**, 85–99.

Loor, J.J.; Dann, H.M.; Guretzky, N.A.J.; Everts, R.E.; Oliveira, R.; Green, C.A.; Litherland, N.B.; Rodriguez-Zas, S.L.; Lewin, H.A.; Drackley, J.K. (2006):
Plane of nutrition prepartum alters hepatic gene expression and function in dairy cows as assessed by longitudinal transcript and metabolic profiling. *Physiol Genomics* **27**, 29–41.

Loor, J.J.; Everts, R.E.; Bionaz, M.; Dann, H.M.; Morin, D.E.; Oliveira, R.; Rodriguez-Zas, S.L.; Drackley, J.K.; Lewin, H.A. (2007):
Nutrition-induced ketosis alters metabolic and signaling gene networks in liver of periparturient dairy cows. *Physiol Genomics* **32**, 105–116.

Loor, J.J.; Lin, X.; Herbein, J.H. (2003):
Effects of dietary cis 9, trans 11-18: 2, trans 10, cis 12-18: 2, or vaccenic acid (trans 11-18: 1) during lactation on body composition, tissue fatty acid profiles, and litter growth in mice. *Br J Nutr* **90**, 1039–1048.

Lowell BB (1999):
PPARgamma: an essential regulator of adipogenesis and modulator of fat cell function. *Cell*, 239–242.

Luster, M.I.; Germolec, D.R.; Yoshida, T.; Kayama, F.; Thompson, M. (1994): Endotoxin-induced cytokine gene expression and excretion in the liver. *Hepatology* **19**, 480–488.

Martins, S.V.; Lopes, P.A.; Alfaia, C.M.; Rodrigues, P.O.; Alves, S.P.; Pinto, R.M.A.; Castro, M.F.; Bessa, R.J.B.; Prates, J.A.M. (2010):
Serum adipokine profile and fatty acid composition of adipose tissues are affected by conjugated linoleic acid and saturated fat diets in obese Zucker rats. *Br J Nutr* **103**, 869–878.

Masaki, T.; Chiba, S.; Tatsukawa, H.; Yasuda, T.; Noguchi, H.; Seike, M.; Yoshimatsu, H. (2004):
Adiponectin protects LPS-induced liver injury through modulation of TNF-alpha in KK-Ay obese mice. *Hepatology* **40**, 177–184.

Masters, N.; McGuire, M.A.; Beerman, K.A.; Dasgupta, N.; McGuire, M.K. (2002): Maternal supplementation with CLA decreases milk fat in humans. *Lipids* **37**, 133–138.

Matsunami, T.; Sato, Y.; Ariga, S.; Sato, T.; Shimomura, T.; Kashimura, H.; Hasegawa, Y.; Yukawa, M. (2010):
Regulation of synthesis and oxidation of fatty acids by adiponectin receptors (AdipoR1/R2) and insulin receptor substrate isoforms (IRS-1/-2) of the liver in a nonalcoholic steatohepatitis animal model. *Metabolism*, Epub ahead of print.

Maxin, G.; Glasser, F.; Rulquin, H. (2010):
Additive effects of trans-10, cis-12 conjugated linoleic acid and propionic acid on milk fat content and composition in dairy cows. *J Dairy Res* **77**, 295–301.

Mazaki-Tovi, S.; Kanety, H.; Pariente, C.; Hemi, R.; Wiser, A.; Schiff, E.; Sivan, E. (2007): Maternal serum adiponectin levels during human pregnancy. *J Perinatol* **27**, 77–81.

McKenna, L.A.; Gehrsitz, A.; Söder, S.; Eger, W.; Kirchner, T.; Aigner, T. (2000): Effective isolation of high-quality total RNA from human adult articular cartilage. *Anal Biochem* **286**, 80–85.

McNamara, J.P. (1994):
Lipid metabolism in adipose tissue during lactation: a model of a metabolic control system. *J Nutr* **124**, 1383S-1391.

Medeiros, S.R.; Oliveira, D.E.; Aroeira, L.J.M.; McGuire, M.A.; Bauman, D.E.; Lanna, D.P.D. (2010):
Effects of dietary supplementation of rumen-protected conjugated linoleic acid to grazing cows in early lactation. *J Dairy Sci* **93**, 1126–1137.

Metais, C.; Forcheron, F.; Abdallah, P.; Basset, A.; Del Carmine, P.; Bricca, G.; Beylot, M. (2008):
Adiponectin receptors: expression in Zucker diabetic rats and effects of fenofibrate and metformin. *Metabolism* **57**, 946–953.

Miller, J.R.; Siripurkpong, P.; Hawes, J.; Majdalawieh, A.; Ro, H.-S.; McLeod, R.S. (2008): The trans-10, cis-12 isomer of conjugated linoleic acid decreases adiponectin assembly by PPAR gamma-dependent and PPAR gamma-independent mechanisms. *J Lipid Res* **49**, 550–562.

Mohamed-Ali, V.; Goodrick, S.; Rawesh, A.; Katz, D.R.; Miles, J.M.; Yudkin, J.S.; Klein, S.; Coppack, S.W. (1997):
Subcutaneous adipose tissue releases interleukin-6, but not tumor necrosis factor-alpha, in vivo. *J Clin Endocrinol Metab* **82**, 4196–4200.

Moloney, F.; Toomey, S.; Noone, E.; Nugent, A.; Allan, B.; Loscher, C.E.; Roche, H.M. (2007):
Antidiabetic effects of cis-9, trans-11-conjugated linoleic acid may be mediated via anti-inflammatory effects in white adipose tissue. *Diabetes* **56**, 574–582.

Moore, C.E.; Hafliger, H.C.; Mendivil, O.B.; Sanders, S.R.; Bauman, D.E.; Baumgard, L.H. (2004):
Increasing amounts of conjugated linoleic acid progressively reduces milk fat synthesis immediately postpartum. *J Dairy Sci* **87**, 1886–1895.

Mukesh, M.; Bionaz, M.; Graugnard, D.E.; Drackley, J.K.; Loor, J.J. (2010):
Adipose tissue depots of Holstein cows are immune responsive: inflammatory gene expression in vitro. *Domest Anim Endocrinol* **38**, 168–178.

Murani, E.; Muraniova, M.; Ponsuksili, S.; Schellander, K.; Wimmers, K. (2007):
Identification of genes differentially expressed during prenatal development of skeletal muscle in two pig breeds differing in muscularity. *BMC Dev Biol* **7**, 109.

Nannipieri, M.; Bonotti, A.; Anselmino, M.; Cecchetti, F.; Madec, S.; Mancini, E.; Baldi, S.; Santini, F.; Pinchera, A.; Rossi, M.; Ferrannini, E. (2007):
Pattern of expression of adiponectin receptors in human adipose tissue depots and its relation to the metabolic state. *Int J Obes* **31**, 1843–1848.

Nawrocki, A.R.; Scherer, P.E. (2004):
The delicate balance between fat and muscle: adipokines in metabolic disease and musculoskeletal inflammation. *Curr Opin Pharmacol* **4**, 281–289.

Noma, Y.; Sideras, P.; Naito, T.; Bergstedt-Lindquist, S.; Azuma, C.; Severinson, E.; Tanabe, T.; Kinashi, T.; Matsuda, F.; Yaoita, Y.; Honjo, T. (1986):
Cloning of cDNA encoding the murine IgG1 induction factor by a novel strategy using SP6 promoter. *Nature* **319**, 640–646.

Ocana, A.; Gomez-Asensio, C.; Arranz-Gutierrez, E.; Torres, C.; Senorans, F.; Reglero, G. (2010):
In vitro study of the effect of diesterified alkoxyglycerols with conjugated linoleic acid on adipocyte inflammatory mediators. *Lipids Health Dis* **9**, 36.

Ohashi, K.; Kihara, S.; Ouchi, N.; Kumada, M.; Fujita, K.; Hiuge, A.; Hibuse, T.; Ryo, M.; Nishizawa, H.; Maeda, N.; Maeda, K.; Shibata, R.; Walsh, K.; Funahashi, T.; Shimomura, I. (2006):
Adiponectin replenishment ameliorates obesity-related hypertension. *Hypertension* **47**, 1108–1116.

Ouchi, N.; Kihara, S.; Funahashi, T.; Nakamura, T.; Nishida, M.; Kumada, M.; Okamoto, Y.; Ohashi, K.; Nagaretani, H.; Kishida, K.; Nishizawa, H.; Maeda, N.; Kobayashi, H.; Hiraoka, H.; Matsuzawa, Y. (2003):
Reciprocal association of c-reactive protein with adiponectin in blood stream and adipose tissue. *Circulation* **107**, 671–674.

Ovstebo, R.; Haug, K.B.F.; Lande, K.; Kierulf, P. (2003):
PCR-based calibration curves for studies of quantitative gene expression in human monocytes: development and evaluation. *Clin Chem* **49**, 425–432.

Pappritz, J.; Meyer, U.; Jahreis, G.; Flachowsky, G.; Dänicke, S. (2010):
Einfluss einer langfristigen gestaffelten Supplementation von pansenstabilen konjugierten Linolsäuren (CLA) auf Leistungsparameter und Milchinhaltsstoffe bei der Milchkuh. *10. Forum angewandte Forschung 2010* **22**, 1–4.

Pappritz, J.; Meyer, U.; Kramer, R.; Weber, E.-M.; Jahreis, G.; Rehage, J.; Flachowsky, G.; Dänicke, S. (2011):
Effects of long-term supplementation of dairy cow diets with rumen-protected conjugated linoleic acids (CLA) on performance, metabolic parameters and fatty acid profile in milk fat. *Arch Anim Nutr* **65**, 89–107.

Path, G.; Bornstein, S.R.; Gurniak, M.; Chrousos, G.P.; Scherbaum, W.A.; Hauner, H. (2001):
Human breast adipocytes express interleukin-6 (IL-6) and its receptor system: increased IL-6 production by beta-adrenergic activation and effects of IL-6 on adipocyte function. *J Clin Endocrinol Metab* **86**, 2281–2288.

Perfield, J.W., II; Bernal-Santos, G.; Overton, T.R.; Bauman, D.E. (2002):
Effects of dietary supplementation of rumen-protected conjugated linoleic acid in dairy cows during established lactation. *J Dairy Sci* **85**, 2609–2617.

Poirier, H.; Shapiro, J.S.; Kim, R.J.; Lazar, M.A. (2006):
Nutritional supplementation with trans-10, cis-12-conjugated linoleic acid induces inflammation of white adipose tissue. *Diabetes* **55**, 1634–1641.

Pullen, D.L.; Palmquist, D.L.; Emery, R.S. (1989):
Effect on Days of Lactation and Methionine Hydroxy Analog on Incorporation of Plasma Fatty Acids into Plasma Triglycerides1. *J Dairy Sci* **72**, 49–58.

Purushotham, A.; Wendel, A.A.; Liu, L.-F.; Belury, M.A. (2007):
Maintenance of adiponectin attenuates insulin resistance induced by dietary conjugated linoleic acid in mice. *J Lipid Res* **48**, 444–452.

Qin, H.; Liu, Y.; Lu, N.; Li, Y.; Sun, C.-H. (2009):
Cis-9,trans-11-conjugated linoleic acid activates AMP-activated protein kinase in attenuation of insulin resistance in C2C12 myotubes. *J Agric Food Chem* **57**, 4452–4458.

Rasmussen, M.S.; Lihn, A.S.; Pedersen, S.B.; Bruun, J.M.; Rasmussen, M.; Richelsen, B. (2006):
Adiponectin Receptors in Human Adipose Tissue: effects of obesity, weight loss, and fat depots. *Obesity* **14**, 28–35.

Rehage, J.; Kaske, M. (2004):
Hohe Milchleistung und Tiergesundheit - Ein Widerspruch? *Übers Tierernährg* **32**, 203–219.

Reynolds, C.M.; Roche, H.M. (2010):
Conjugated linoleic acid and inflammatory cell signalling. The ninth fatty acids and cell signalling meeting(FACS-09). *Prostaglandins Leukot Essent Fatty Acids* **82**, 199–204.

Ringseis, R.; Saal, D.; Muller, A.; Steinhart, H.; Eder, K. (2004):
Dietary conjugated linoleic acids lower the triacylglycerol concentration in the milk of lactating rats and impair the growth and increase the mortality of their suckling pups. *J Nutr* **134**, 3327–3334.

Riserus, U.; Smedman, A.; Basu, S.; Vessby, B. (2004):
Metabolic effects of conjugated linoleic acid in humans: the Swedish experience. *Am J Clin Nutr* **79**, 1146S-1148S.

Roach, J.A.G.; Mossoba, M.M.; Yurawecz, M.P.; Kramer, J.K.G. (2002):
Chromatographic separation and identification of conjugated linoleic acid isomers. *Anal Chim Acta* **465**, 207–226.

Rose-John, S.; Scheller, J.; Elson, G.; Jones, S.A. (2006):
Interleukin-6 biology is coordinated by membrane-bound and soluble receptors: role in inflammation and cancer. *J Leukoc Biol* **80**, 227–236.

Sakono, M.; Miyanaga, F.; Kawahara, S.; Yamauchi, K.; Fukuda, N.; Watanabe, K.; Iwata, T.; Sugano, M. (1999):
Dietary conjugated linoleic acid reciprocally modifies ketogenesis and lipid secretion by the rat liver. *Lipids* **34**, 997–1000.

Sakuma, S.; Nishioka, Y.; Imanishi, R.; Nishikawa, K.; Sakamoto, H.; Fujisawa, J.; Wada, K.; Kamisaki, Y.; Fujimoto, Y. (2010):
cis9, trans11-conjugated linoleic acid differentiates mouse 3T3-L1 preadipocytes into mature small adipocytes through induction of peroxisome proliferator-activated receptor gamma. *J Clin Biochem Nutr* **47**, 167–173.

Salminen, I.; Mutanen, M.; Jauhiainen, M.; Aro, A. (1998):
Dietary trans fatty acids increase conjugated linoleic acid levels in human serum. *J Nutr Biochem* **9**, 93–98.

Santora, J.E.; Palmquist, D.L.; Roehrig, K.L. (2000):
Trans-vaccenic acid is desaturated to conjugated linoleic acid in mice. *J Nutr* **130**, 208–215.

Saremi, B.; Mielenz, M.; Hosseini, A.; Vorspohl, S.; Sauerwein H. (2010a):
Haptoglobin expression in different adipose tissues and adipocytes (in vitro) of dairy cattle. In: *19. Symposium der Fachgruppe Physiologie und Biochemie der Deutschen Veterinärmedizinischen Gesellscheaft, 14.02.-16.02.2010, Hannover*, 25.

Saremi, B.; Mielenz, M.; Vorspohl, S.; Dänicke, S.; Pappritz, J.; Sauerwein, H. (2010b):
Haptoglobin mRNA expression in bovine adipose and liver tissue: physiological and conjugated linoleic acids (CLA)-induced changes throughout lactation. *EAAP-61st annual meeting, Heraklion, 2010*, 12.

Sato, C.; Yasukawa, Z.; Honda, N.; Matsuda, T.; Kitajima, K. (2001):
Identification and adipocyte differentiation-dependent expression of the unique disialic acid residue in an adipose tissue-specific glycoprotein, Adipo Q. *J Biol Chem* **276**, 28849–28856.

Schaffler, A.; Scholmerich, J.; Buchler, C. (2005):
Mechanisms of disease: adipocytokines and visceral adipose tissue[mdash]emerging role in nonalcoholic fatty liver disease. *Nat Clin Pract Gastroenterol Hepatol* **2**, 273–280.

Scheller, J.; Grötzinger, J.; Rose-John, S. (2007):
Zytokinsignale über lösliche und membranständige Rezeptoren. *Biospektrum* **13**, 250–253.

Schmidt, J.; Liebscher, K.; Merten, N.; Grundmann, M.; Mielenz, M.; Sauerwein, H.; Christiansen, E.; Due-Hansen, M.E.; Ulven, T.; Ullrich, S.; Gomeza, J.; Drewke, C.; Kostenis, E. (2011):
Conjugated linoleic acids mediate insulin release through islet G protein coupled receptor FFA1/GPR40. *J Biol Chem*, Epub ahead of print.

Schmittgen, T.D.; Zakrajsek, B.A.; Mills, A.G.; Gorn, V.; Singer, M.J.; Reed, M.W. (2000):
Quantitative reverse transcription-polymerase chain reaction to study mRNA decay: comparison of endpoint and real-time methods. *Anal Biochem* **285**, 194–204.

Schoor, O.; Weinschenk, T.; Hennelotter, J.; Corvin, S.; Stenzel, A.; Rammensee, H.G.; Stefanovic, S. (2003):
Moderate degradation does not preclude microarray analysis of small amounts of RNA. *Biotechniques* **35**, 1192–1201.

Schröder, U.J.; Staufenbiel, R. (2006):
Invited review: methods to determine body fat reserves in the dairy cow with special regard to ultrasonographic measurement of backfat thickness. *J Dairy Sci* **89**, 1–14.

Seifert, M.F.; Watkins, B.A. (1997):
Role of dietary lipid and antioxidants in bone metabolism. *Nutr Res* **17**, 1209–1228.

Sigl, T.; Schlamberger, G.; Kienberger, H.; Wiedemann, S.; Meyer, H.; Kaske, M. (2010):
Rumen-protected conjugated linoleic acid supplementation to dairy cows in late pregnancy and early lactation: effects on milk composition, milk yield, blood metabolites and gene expression in liver. *Acta Vet Scand* **52**, 16.

Spiegelman, B.M. (1998):
PPAR-gamma: adipogenic regulator and thiazolidinedione receptor. *Diabetes* **47**, 507–514.

Stahlberg, A.; Hakansson, J.; Xian, X.; Semb, H.; Kubista, M. (2004a):
Properties of the reverse transcription reaction in mRNA quantification. *Clin Chem* **50**, 509–515.

Stahlberg, A.; Kubista, M.; Pfaffl, M. (2004b):
Comparison of reverse transcriptases in gene expression analysis. *Clin Chem* **50**, 1678–1680.

Steck, S.E.; Chalecki, A.M.; Miller, P.; Conway, J.; Austin, G.L.; Hardin, J.W.; Albright, C.D.; Thuillier, P. (2007):
Conjugated Linoleic Acid Supplementation for Twelve Weeks Increases Lean Body Mass in Obese Humans. *J Nutr* **137**, 1188–1193.

Stefan, N.; Stumvoll, M.; Vozarova, B.; Weyer, C.; Funahashi, T.; Matsuzawa, Y.; Bogardus, C.; Tataranni, P.A. (2003):
Plasma Adiponectin and Endogenous Glucose Production in Humans. *Diabetes Care* **26**, 3315–3319.

Stienstra, R.; Duval, C.; Müller, M.; Sander K (2007):
PPARs, Obesity, and inflammation. *PPAR Res*, 95974.

Stringer, D.M.; Zahradka, P.; DeClercq, V.C.; Ryz, N.R.; Diakiw, R.; Burr, L.L.; Xie, X.; Taylor, C.G. (2010):
Modulation of lipid droplet size and lipid droplet proteins by trans-10,cis-12 conjugated linoleic acid parallels improvements in hepatic steatosis in obese, insulin-resistant rats. *Biochim Biophys Acta (BBA) - Molecular and Cell Biology of Lipids* **1801**, 1375–1385.

Suksombat, W.; Boonmee, T.; Lounglawan, P. (2007):
Effects of various levels of conjugated linoleic acid supplementation on fatty acid content and carcass composition of broilers. *Poult Sci* **86**, 318–324.

Suzuki, S.; Wilson-Kubalek, E.M.; Wert, D.; Tsao, T.-S.; Lee, D.H. (2007):
The oligomeric structure of high molecular weight adiponectin. *FEBS Lett* **581**, 809–814.

Takahashi, Y.; Kushiro, M.; Shinohara, K.; Ide, T. (2002):
Dietary conjugated linoleic acid reduces body fat mass and affects gene expression of proteins regulating energy metabolism in mice. *Comp Biochem Physiol Part B: Biochemistry and Molecular Biology* **133**, 395–404.

Thyfault, J.P.; Hedberg, E.M.; Anchan, R.M.; Thorne, O.P.; Isler, C.M.; Newton, E.R.; Dohm, G.L.; deVente, J.E. (2005):
Gestational diabetes is associated with depressed adiponectin levels. *J Soc Gynecol Investig* **12**, 41–45.

Tilg, H.; Moschen, A.R. (2006):
Adipocytokines: mediators linking adipose tissue, inflammation and immunity. *Nat Rev Immunol* **6**, 772–783.

Tizard, I.R.: *Veterinary immunology: an introduction.* Saunders Philadelphia, London.

Truitt, A.; McNeill, G.; Vanderhoek, J.Y. (1999):
Antiplatelet effects of conjugated linoleic acid isomers. *Biochim Biophys Acta (BBA) - Molecular and Cell Biology of Lipids* **1438**, 239–246.

Trujillo, M.; Scherer, P. (2005):
Adiponectin -- journey from an adipocyte secretory protein to biomarker of the metabolic syndrome. *J Intern Med* **257**, 167–175.

Tsuboyama-Kasaoka, N.; Takahashi, M.; Tanemura, K.; Kim, H.J.; Tange, T.; Okuyama, H.; Kasai, M.; Ikemoto, S.; Ezaki, O. (2000):
Conjugated linoleic acid supplementation reduces adipose tissue by apoptosis and develops lipodystrophy in mice. *Diabetes* **49**, 1534–1542.

Tsuchida, A.; Yamauchi, T.; Ito, Y.; Hada, Y.; Maki, T.; Takekawa, S.; Kamon, J.; Kobayashi, M.; Suzuki, R.; Hara, K.; Kubota, N.; Terauchi, Y.; Froguel, P.; Nakae, J.; Kasuga, M.; Accili, D.; Tobe, K.; Ueki, K.; Nagai, R.; Kadowaki, T. (2004):
Insulin/Foxo1 pathway regulates expression levels of adiponectin receptors and adiponectin Sensitivity. *J Biol Chem* **279**, 30817–30822.

Turpeinen, A.M.; Mutanen, M.; Aro, A.; Salminen, I.; Basu, S.; Palmquist, D.L.; Griinari, J.M. (2002):
Bioconversion of vaccenic acid to conjugated linoleic acid in humans. *Am J Clin Nutr* **76**, 504–510.

van den Heuvel, J.P. (1999):
Peroxisome proliferator-activated receptors: a critical link among fatty acids, gene expression and carcinogenesis. *J Nutr* **129**, 575–580.

Vandesompele, J.; Preter, K. de; Pattyn, F.; Poppe, B.; van Roy, N.; Paepe, A. de; Speleman, F. (2002):
Accurate normalization of real-time quantitative RT-PCR data by geometric averaging of multiple internal control genes. *Genome Biol* **3**, 34.1 - 34.11.

Vels, L.; Røntved, C.M.; Bjerring, M.; Ingvartsen, K.L. (2009):
Cytokine and acute phase protein gene expression in repeated liver biopsies of dairy cows with a lipopolysaccharide-induced mastitis. *J Dairy Sci* **92**, 922–934.

Vernon, R.G.; Pond, C.M. (1997):
Adaptations of maternal adipose tissue to lactation. *J Mammary Gland Biol Neoplasia* **2**, 231–241.

Veth, M.J. de; Castañeda-Gutiérrez, E.; Dwyer, D.A.; Pfeiffer, A.M.; Putnam, D.E.; Bauman, D.E. (2006):
Response to conjugated linoleic acid in dairy cows differing in energy and protein status. *J Dairy Sci* **89**, 4620–4631.

Veth, M. de; Griinari, J.; Pfeiffer, A.-M.; Bauman, D. (2004):
Effect of CLA on milk fat synthesis in dairy cows: comparison of inhibition by methyl esters and free fatty acids, and relationships among studies. *Lipids* **39**, 365–372.

Waki, H.; Yamauchi, T.; Kamon, J.; Ito, Y.; Uchida, S.; Kita, S.; Hara, K.; Hada, Y.; Vasseur, F.; Froguel, P.; Kimura, S.; Nagai, R.; Kadowaki, T. (2003):
Impaired multimerization of human adiponectin mutants associated with diabetes. *J Biol Chem* **278**, 40352–40363.

Wang, Y.; Jones, P.J.H. (2004):
Dietary conjugated linoleic acid and body composition. *Am J Clin Nutr* **79**, 1153S-1158S.

West, D.B.; DeLany, J.P.; Camet, P.M.; Blohm, F.; Truett, A.A.; Scimeca, J. (1998):
Effects of conjugated linoleic acid on body fat and energy metabolism in the mouse. *Am J Physiol Regul Integr Comp Physiol* **44**, R667-R672.

Worda, C.; Leipold, H.; Gruber, C.; Kautzky-Willer, A.; Knöfler, M.; Bancher-Todesca, D. (2004):
Decreased plasma adiponectin concentrations in women with gestational diabetes mellitus. *Am J Obstet Gynecol* **191**, 2120–2124.

Yamauchi, T.; Kamon, J.; Minokoshi, Y.; Ito, Y.; Waki, H.; Uchida, S.; Yamashita, S.; Noda, M.; Kita, S.; Ueki, K.; Eto, K.; Akanuma, Y.; Froguel, P.; Foufelle, F.; Ferre, P.; Carling, D.; Kimura, S.; Nagai, R.; Kahn, B.B.; Kadowaki, T. (2002):
Adiponectin stimulates glucose utilization and fatty-acid oxidation by activating AMP-activated protein kinase. *Nat Med* **8**, 1288–1295.

Yamauchi, T.; Kamon, J.; Ito, Y.; Tsuchida, A.; Yokomizo, T.; Kita, S.; Sugiyama, T.; Miyagishi, M.; Hara, K.; Tsunoda, M.; Murakami, K.; Ohteki, T.; Uchida, S.; Takekawa, S.; Waki, H.; Tsuno, N.H.; Shibata, Y.; Terauchi, Y.; Froguel, P.; Tobe, K.; Koyasu, S.; Taira, K.; Kitamura, T.; Shimizu, T.; Nagai, R.; Kadowaki, T. (2003b):
Cloning of adiponectin receptors that mediate antidiabetic metabolic effects. *Nature* **423**, 762–769.

Yamauchi, T.; Kamon, J.; Waki, H.; Imai, Y.; Shimozawa, N.; Hioki, K.; Uchida, S.; Ito, Y.; Takakuwa, K.; Matsui, J.; Takata, M.; Eto, K.; Terauchi, Y.; Komeda, K.; Tsunoda, M.; Murakami, K.; Ohnishi, Y.; Naitoh, T.; Yamamura, K.; Ueyama, Y.; Froguel, P.; Kimura, S.; Nagai, R.; Kadowaki, T. (2003a):
Globular adiponectin protected ob/ob mice from diabetes and ApoE-deficient mice from atherosclerosis. *J Biol Chem* **278**, 2461–2468.

Yoshioka, M.; Watanabe, A.; Shimada, N.; Murata, H.; Yokomizo, Y.; Nakajima, Y. (2002):
Regulation of haptoglobin secretion by recombinant bovine cytokines in primary cultured bovine hepatocytes. *Domest Anim Endocrinol* **23**, 425–433.

Zhai, J.-j.; Liu, Z.-l.; Li, J.-m.; Chen, J.-P.; Jiang, L.; Wang, D.-m.; Yuan, J.; Shen, J.-G.; Yang, D.-P.; Chen, J.-Q. (2010):
Different mechanisms of cis-9,trans-11- and trans-10,cis-12- conjugated linoleic acid affecting lipid metabolism in 3T3-L1 cells. *J Nutr Biochem* **21**, 1099–1105.

Zhang, J.; Byrne, C.D. (1999):
Differential priming of RNA templates during cDNA synthesis markedly affects both accuracy and reproducibility of quantitative competitive reverse-transcriptase PCR. *Biochem J* **337**, 231–241.

7.2 Tabellenverzeichnis

7.3 Abbildungsverzeichnis

7.4 Abkürzungsverzeichnis

a.p.	ante partum
A.U.	arbitrary units
Acrp30	adipocyte complement related protein of 30 kDa
AdipoQ	adiponectin
AdipoR1	Adiponectin Rezeptor 1
AdipoR2	Adiponectin Rezeptor 2
AMV	avian myeloblastosis virus
apM1	gene encoding adiponectin (adipose most abundant gene transcript 1)
APP	Akute-Phase-Protein
APPL1	adaptor protein containing pleckstrin homology domain, phosphotyrosine binding domain and leucocine zipper motif
c	cis
C/EBP	CAAT/enhancer binding protein
cDNA	complementary DNA
CLA	conjugated linoleic acid
CRP	C-reaktives-Protein
C_t	Cycle treshold
DEPC	Diethylpyrocarbonat
DNA	Desoxyribonukleinsäure
DNase	Desoxyribonuklease
dNTP	Desoxy-Nekleotidtriphosphat
EDTA	Ethyldiamintatraessigsäure
EIF3K	eucariotic translation initiation factor 3, subunit K
EMD	Emerin
ERK	extracellular-signal-related kinase
GAPDH	glyceraldehyde-phosphate-dehydrogenase

GBP28	gelatin-binding protein 28
Geomittel	Geometrisches Mittel
HPCAL1	hippocalcin-like 1
HPLC	high-performance liquid chromatography
IL6	Interleukin 6
IL6R	Interleukin 6-Rezeptor
JAK	Januskinase
LRP10	low density lipoprotein receptor-related protein 10
MARVELD1	MARVEL domain containing 1
MCP1	Monocyten chemoattractant protein 1
MIQE	minimum information for publication of quantitative real-time PCR experiments
mRNA	messenger RNA
M-MuLV	molony murine leukemia virus
n	Anzahl der Tiere
NEFA	non esterified fatty acids
NEL	Netto-Energie-Laktation
NFκB	nuclear factor κB
OD	Optische Dichte
p.p.	post partum
Pol II	RNA Polymerase II
PPAR	peroxisome proliferator-activated receptor
RBP4	retinol-binding protein 4
RG	Referenzgene
RNA	Ribonekleinsäure
RNase	Ribonuklease
RT	reverse Transkription
-RT	Ansatz ohne Reverse Transkriptase
SEM	standard error of means
Sfrp5	secreted frizzled-related protein 5

STAT	signal transducer and activator of transcription
t	trans
TBE	Tris-Borat-EDTA
TGFβ	transforming growth factor beta
TNF	Tumor-Nekrose-Faktor
TP	transition period
UV	ultraviolett
VEGF	vascular endothelial growth factor

8 Anhang

8.1 Abbildungen

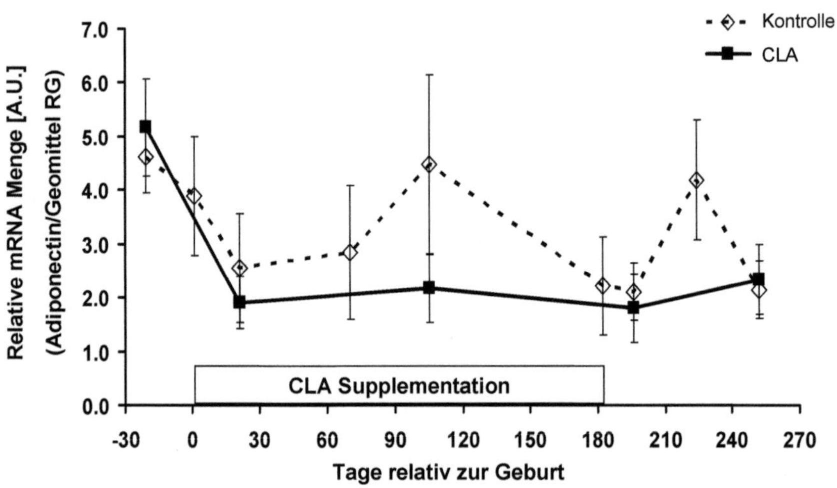

Abbildung 21: Zeitliche Veränderungen der relativen Adiponectin mRNA-Menge in Arbitrary Units [A.U.] im s.c. Fettgewebe von Milchkühen, die mit CLA (CLA) oder einem isoenergetischen Fettsäurengemisch (Kontrolle) supplementiert wurden
(Mittelwerte ± SEM)
Geomittel: geometrisches Mittel, RG: Referenzgene
Behandlung: p = 0,293; Zeit: p = 0,004; Behandlung x Zeit: p = 0,74

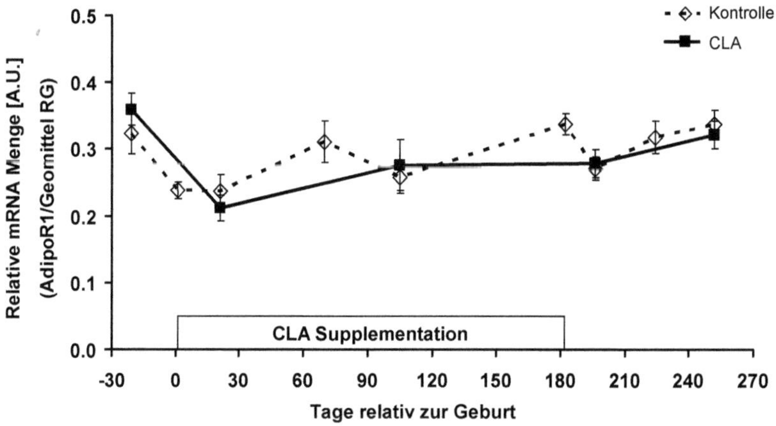

Abbildung 22: Zeitliche Veränderungen der relativen AdipoR1 mRNA-Menge in Arbitrary Units [A.U.] im s.c. Fettgewebe von Milchkühen, die mit CLA (CLA) oder einem isoenergetischen Fettsäurengemisch (Kontrolle) supplementiert wurden

(Mittelwerte ± SEM)

Geomittel: geometrisches Mittel, RG: Referenzgene

Behandlung: p = 0,865; Zeit: p < 0,001; Behandlung x Zeit: p = 0,659

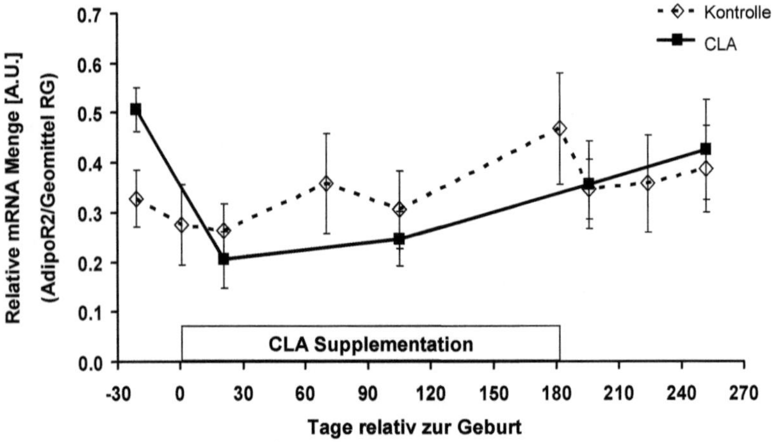

Abbildung 23: Zeitliche Veränderungen der relativen AdipoR2 mRNA-Menge in Arbitrary Units [A.U.] im s.c. Fettgewebe von Milchkühen, die mit CLA (CLA) oder einem isoenergetischen Fettsäurengemisch (Kontrolle) supplementiert wurden

(Mittelwerte ± SEM)

Geomittel: geometrisches Mittel, RG: Referenzgene

Behandlung: p = 0,731; Zeit: p = 0,018; Behandlung x Zeit: p = 0,210

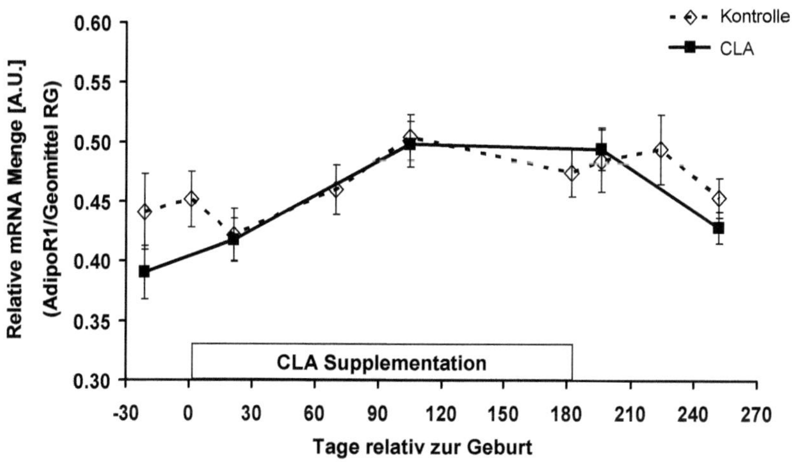

Abbildung 24: Zeitliche Veränderungen der relativen AdipoR1 mRNA-Menge in Arbitrary Units [A.U.] im Lebergewebe von Milchkühen, die mit CLA (CLA) oder einem isoenergetischen Fettsäurengemisch (Kontrolle) supplementiert wurden

(Mittelwerte ± SEM)

Geomittel: geometrisches Mittel, RG: Referenzgene

Behandlung: $p = 0{,}25$; Zeit: $p < 0{,}001$; Behandlung x Zeit: $p = 0{,}731$

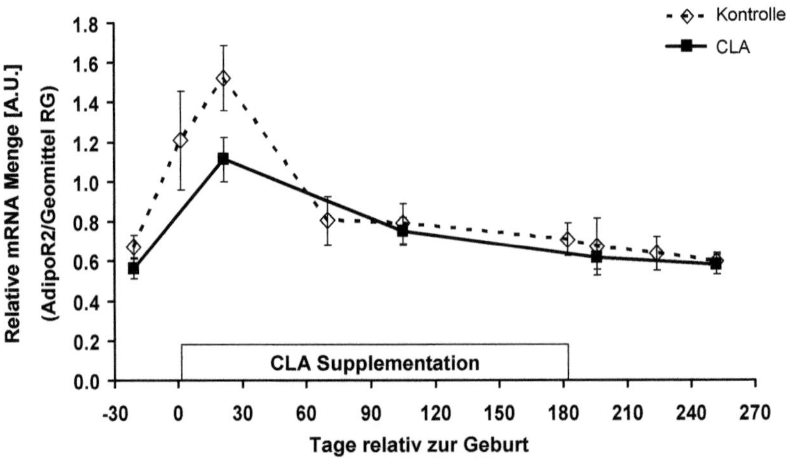

Abbildung 25: Zeitliche Veränderungen der relativen AdipoR2 mRNA-Menge in Arbitrary Units [A.U.] im Lebergewebe von Milchkühen, die mit CLA (CLA) oder einem isoenergetischen Fettsäurengemisch (Kontrolle) supplementiert wurden
(Mittelwerte ± SEM)
Geomittel: geometrisches Mittel, RG: Referenzgene
Behandlung: $p = 0{,}099$; Zeit: $p < 0{,}001$; Behandlung x Zeit: $p = 0{,}4$

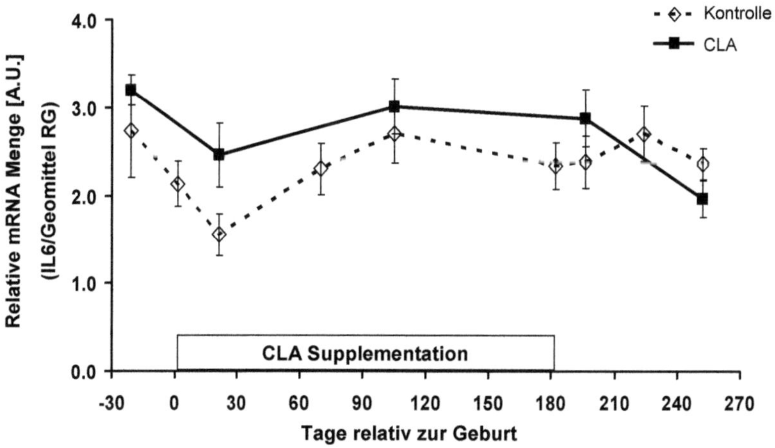

Abbildung 26: Zeitliche Veränderungen der relativen IL6 mRNA-Menge in Arbitrary Units[A.U.] im Lebergewebe von Milchkühen, die mit CLA (CLA) oder einem isoenergetischen Fettsäurengemisch (Kontrolle) supplementiert wurden

(Mittelwerte ± SEM)

Geomittel: geometrisches Mittel, RG: Referenzgene

Behandlung: p = 0,173; Zeit: p < 0,001; Behandlung x Zeit: p = 0,306

8.2 Tabellen

Tabelle 6: Adiponectin: Relative mRNA-Menge [A.U.] in subcutanem Fettgewebe und Anzahl der Proben pro Gruppe und Probennahme

Item	Tage relativ zur Geburt								
	-21	1	21	70	105	182	196	224	252
RQ[1]									
Kontrolle	0.0462	0.0390	0.0255	0.0284	0.0447	0.0246	0.0211	0.0419	0.0268
SEM	0.0067	0.0111	0.0101	0.0124	0.0167	0.0099	0.0053	0.0112	0.0050
CLA[2]	0.0517	-	0.0190	-	0.0218	-	0.0203	-	0.0234
SEM	0.0090	-	0.0048	-	0.0064	-	0.0067	-	0.0065
n									
Kontrolle	10	10	8	9	9	9	10	8	8
CLA	11	-	11	-	9	-	8	-	11
Total	21	10	19	9	18	9	18	8	19

1- Relative mRNA-Menge [Adiponectin/geometrisches Mittel Referenzgene]
2- Supplementation mit 100g CLA/d (d1-182)

Tabelle 7: AdipoR1: Relative mRNA-Menge [A.U.] in subcutanem Fettgewebe und Anzahl der Proben pro Gruppe und Probennahme

Item	Tage relativ zur Geburt								
	-21	1	21	70	105	182	196	224	252
RQ[1]									
Kontrolle	0.3230	0.2378	0.2375	0.3106	0.2573	0.3372	0.2707	0.3178	0.3370
SEM	0.0311	0.0124	0.0236	0.0312	0.0232	0.0161	0.0170	0.0244	0.0221
CLA[2]	0.3590	-	0.2117	-	0.2757	-	0.2786		0.3209
SEM	0.0243	--	0.0197	-	0.0381	-	0.0205	-	0.0209
n									
Kontrolle	10	10	8	9	9	9	10	8	8
CLA	11	-	11	-	9	-	8	-	11
Total	21	10	19	9	18	9	18	8	19

1- Relative mRNA-Menge [Adiponectin/geometrisches Mittel Referenzgene]
2- Supplementation mit 100g CLA/d (d1-182)

Tabelle 8: AdipoR2: Relative mRNA-Menge [A.U.] in subcutanem Fettgewebe und Anzahl der Proben pro Gruppe und Probennahme

Item	Tage relativ zur Geburt								
	-21	1	21	70	105	182	196	224	252
RQ[1]									
Kontrolle	0.3271	0.2741	0.2629	0.3577	0.3048	0.4670	0.3469	0.3574	0.3873
SEM	0.0572	0.0816	0.0549	0.1007	0.0788	0.1122	0.0600	0.0975	0.0870
CLA[2]	0.5060	-	0.2041	--	0.2461	-	0.3549	-	0.4254
SEM	0.0445	-	0.0566	-	0.0553	-	0.0871	-	0.1007
n									
Kontrolle	10	10	7	8	9	9	10	8	8
CLA	10	-	11	-	9	-	8	-	11
Total	20	10	18	8	18	9	18	8	19

1- Relative mRNA-Menge [Adiponectin/geometrisches Mittel Referenzgene]
2- Supplementation mit 100g CLA/d (d1-182)

Tabelle 9: **AdipoR1: Relative mRNA-Menge [A.U.] in Lebergewebe** und Anzahl der Proben pro Gruppe und Probennahme

Item	Tage relativ zur Geburt								
	-21	**1**	**21**	**70**	**105**	**182**	**196**	**224**	**252**
RQ[1]									
Kontrolle	0.5654	0.4514	0.4222	0.4598	0.5042	0.4741	0.4841	0.4938	0.4533
SEM	0.0879	0.0233	0.0222	0.0210	0.0190	0.0200	0.0261	0.0289	0.0167
CLA[2]	0.3901	-	0.4177	-	0.4982	-	0.4942	-	0.4284
SEM	0.0225	-	0.0180	-	0.0189	-	0.0180	-	0.0133
n									
Kontrolle	10	10	10	10	10	10	10	10	10
CLA	11	-	11	-	11	-	11	-	11
Total	21	10	21	10	21	10	21	10	21

1- Relative mRNA-Menge [Adiponectin/geometrisches Mittel Referenzgene]
2- Supplementation mit 100g CLA/d (d1-182)

Tabelle 10: **AdipoR2: Relative mRNA-Menge [A.U.] in Lebergewebe** und Anzahl der Proben pro Gruppe und Probennahme

Item	Tage relativ zur Geburt								
	-21	**1**	**21**	**70**	**105**	**182**	**196**	**224**	**252**
RQ[1]									
Kontrolle	0.6730	1.2091	1.5232	0.8040	0.7891	0.7077	0.6725	0.6383	0.5989
SEM	0.0587	0.2497	0.1643	0.1216	0.1032	0.0810	0.1448	0.0843	0.0436
CLA[2]	0.5629	-	1.1122	-	0.7495	-	0.6176	-	0.5827
SEM	0.0488	-	0.1130	-	0.0692	--	0.0613	-	0.0489
n									
Kontrolle	10	10	10	10	10	10	10	10	10
CLA	11	-	11	-	11	-	11	-	11
Total	21	10	21	10	21	10	21	10	21

1- Relative mRNA-Menge [Adiponectin/geometrisches Mittel Referenzgene]
2- Supplementation mit 100g CLA/d (d1-182)

Tabelle 11: **IL6: Relative mRNA-Menge [A.U.] in Lebergewebe** und Anzahl der Proben pro Gruppe und Probennahme

Item	Tage relativ zur Geburt								
	-21	**1**	**21**	**70**	**105**	**182**	**196**	**224**	**252**
RQ[1]									
Kontrolle	2.7311	2.1301	1.5498	2.3017	2.7046	2.3366	2.3779	2.7047	2.3595
SEM	0.5284	0.2561	0.2347	0.2912	0.3350	0.2671	0.2960	0.3115	0.1739
CLA[2]	3.2004	-	2.4612	-	3.0121	-	2.8814	-	1.9637
SEM	0.1684	-	0.3649	-	0.3174	-	0.3271	-	0.2124
n									
Kontrolle	9	10	10	10	10	10	10	10	10
CLA	11	-	11	-	11	-	11	-	11
Total	20	10	21	10	21	10	21	10	21

1- Relative mRNA-Menge [Adiponectin/geometrisches Mittel Referenzgene]
2- Supplementation mit 100g CLA/d (d1-182)

Tabelle 12: p-Werte der zeitbezogenen Unterschiede in der mRNA-Menge der Zielgene (Allgemeines Lineares Modell mit der Syntax des Gemischten Modells)

Gen	Gewebe	Vergleich (Tage relativ zur Geburt)	p-Wert
Adiponectin	Fett	-21 vs. 21	0,028
		-21 vs. 196	0,01
AdipoR1	Fett	-21 vs. 1	0,002
		-21 vs. 21	0,002
		1 vs. 182	0,010
		1 vs. 252	0,005
		21 vs. 182	0,003
		21 vs. 252	0,002
AdipoR2	Fett	-21 vs. 21	0,007
AdipoR1	Leber	-21 vs. 105	0,000
		-21 vs. 196	0,001
		-21 vs. 224	0,023
		21 vs. 105	0,000
		21 vs. 196	0,002
AdipoR2	Leber	-21 vs 21	0,000
		21 vs. 70	0,037
		21 vs. 105	0,001
		21 vs. 182	0,001
		21 vs. 196	0,000
		21 vs. 224	0,000
		21 vs. 252	0,000
IL6	Leber	-21 vs. 21	0,002

8.3 Puffer

Reinstwasser

Durch zweistufige Umkehrosmose (Elga vivendi Water systems, Bucks, UK) aufbereitetes und autoklaviertes Leitungswasser.

DEPC-Wasser

1,0 mL DEPC (AppliChem, Darmstadt, Deutschland) mit 999 mL Reinstwasser versetzten, autolkavieren.

10 x MOPS-Puffer

0,2 M MOPS

800 mL Reinstwasser

mit NaOH (Roth, Karlsruhe, Deutschland) pH-Wert auf 7 einstellen

50 mM NaAcetat (AppliChem, Darmstadt, Deutschland)

10 mM EDTA (pH 8) (AppliChem, Darmstadt, Deutschland)

ad 1000 mL Reinstwasser, autoklavieren, vor Licht geschützt lagern

10 x TBE-Puffer

0,89 M Tris-Base (AppliChem, Darmstadt, Deutschland)

0,89 M Borsäure (AppliChem, Darmstadt, Deutschland)

0,02 M EDTA (pH 8) (AppliChem, Darmstadt, Deutschland)

ad 1000 mL Reinstwasser, autoklavieren

TRIS-Puffer (10 mM, pH 8,5)

0,61 g Tris-Base (Roth, Karlsruhe, Deutschland)

ad 800 mL Reinstwasser

pH-Wert auf 8,5 einstellen

ad 1000 mL Reinstwasser, autoklavieren

Orange G-Ladepuffer für DNA-Gele (5 x Puffer)

50 mg Orange G (Chroma Gesellschaft, Münster, Deutschland)

2 mL Glycerin (Roth, Karlsruhe, Deutschland)

400 µL EDTA (0,5 M, pH 8,0) (AppliChem, Darmstadt, Deutschland)

ad 10 mL Reinstwasser

Bromphenolblau-Ladepuffer für RNA-Gele (5 x Ladepuffer)

83 µL Bromphenolblau, gesättigt (Sigma-Aldrich, Nümbrecht, Deutschland)

7,4 µL EDTA (0,5 M, pH 8,0) (AppliChem, Darmstadt, Deutschland)

9 µL Ethidiumbromid (Eurobio, Courtaboeuf Cedex, Frankreich)

66, 2 µL Formaldehyd (37 %, deionisiert, pH > 4)

183,6 µL Glycerin (100 %) (Roth, Karlsruhe, Deutschland)

283,2 µL Formamid (deionisiert) (AppliChem, Darmstadt, Deutschland)

367,4 µL 10 x MOPS Puffer

Aliqoute bei 4°C maximal 3 Monate haltbar

Danksagung

Zuerst möchte ich mich bei Frau Prof. Dr. Dr. Helga Sauerwein, meiner Doktormutter, und Herrn Prof. Dr. Gerhard Breves, meinem Doktorvater, dafür bedanken, dass sie es mir ermöglicht haben, am Institut für Tierwissenschaften der Universität Bonn zu promovieren. Frau Prof. Dr. Dr. Helga Sauerwein danke ich für das engegengebrachte Vertrauen und die Geduld. Sie vermochte auch in schwierigen Abschnitten meinen Glauben an mich selbst zu stärken.

Der Deutschen Forschungsgemeinschaft danke ich für die finanzielle Unterstützung.

Ein besonderer Dank gilt Herrn Dr. Manfred Mielenz. Mit unerschöpflicher Begeisterung und Diskussionsfreude stand er mir nicht nur in Fragen der Molekularbiologie zu Seite.

Vielen Dank an Frau Dr. Ute Müller, die mir in Sachen Statistik Wege aufzeigte.

Ein großes Dankeschön an Herrn Prof. Dr. Sven Dänicke, den Leiter des Instituts für Tierernährung des Friedrich-Löffler-Instituts in Braunschweig, und seine Mitarbeiter, Herrn Dr. Peter Lebzien, Herrn Dr. Ulrich Meyer und Frau Julia Pappritz für die Bereitstellung der Kühe und die Versuchsdurchführung.

Vielen Dank an Herrn Prof. Dr. Jürgen Rehage und seine Mitarbeiter an der Klinik für Rinder der Tierärztlichen Hochschule Hannover, insbesondere Frau Dr. Maike Heppelmann, für die viele Arbeit bei den Probennahmen.

Besonders bedanken möchte ich mich bei meinen Rettern im Labor, Isabella Israel, Inga Hofs und Domenica Sadecki. Sie haben mich anfangs an die Hand genommen und mich auf meinem Weg immer unterstützt. Ein Dankeschön auch an alle anderen Mitarbeiter des Institutes für Tierwissenschaften der Universität Bonn, die vor meiner Zeit an den Probennahmen beteiligt waren oder mir sonst mit Rat und Tat zur Seite standen. Bei Iris Gockel-Böhner bedanke ich für die vielen schönen Fahrten nach Braunschweig und im Namen von Mählanie.

Bei meinen Mitdoktoranden, Dr. Afshin Hosseini, Anika Ooster, Behnam Saremi, Christina Behrendt und Dr. Kirsten Kemmerling bedanke ich mich für viel Geduld mit meinen computertechnischen Fragen und dafür, dass sie stets ein offenes Ohr hatten und Hilfe anboten, wann immer es nötig war.
Vielen Dank an alle meine Freunde und meine Familie, die mir geholfen haben, durchzuhalten.

Meiner Mutter möchte ich dafür danken, dass sie stets an mich geglaubt und so unendlich viel zum Gelingen dieser Arbeit beigetragen hat.

Ein ganz besonderer Dank gilt Rainer für die Liebe und das Vertrauen, die er mir geschenkt hat.